前言

当前是我国经济转型升级的关键时期，新旧动能深刻转换，能源电力行业深刻变革，量子通信、人工智能、5G 等高新技术不断突破，商业模式创新持续活跃。为适应内外部形势发展变化，响应"创新、协调、绿色、开放、共享"的五大发展理念，国家电网有限公司以习近平新时代中国特色社会主义思想为指导，坚持战略制胜、强化战略引领，以高度的政治自觉和强烈的使命担当，提出以"具有中国特色"为根本、"国际领先"为追求、"能源互联网"为方向的公司战略目标。这一目标的提出，是国家电网有限公司从传统供电企业向"具有中国特色国际领先的能源互联网企业"迈进的战略转型。要实现这样的转型，不仅需要奋发有为、抢抓机遇，牢牢把握发展的主动权；更需要直面问题、锐意攻坚，为长远发展夯实基础。

流程是企业运作的基础，企业的任何战略最终都需要落地到具体的业务流程和管理上。国家电网有限公司探索将社会责任融入流程管理，通过对流程的审视与优化，将社会责任落实到运营过程中，从业务到管理的执行操作层面进行变革与创新，以负责任的方式推动公司的战略转型。

本手册分为理论与方法、实践与案例两大篇章，系统回答了社会责任融入流程管理的基本概念，提炼了外部视野、社会与环境风险防范等融入流程管理的六大社会责任理念，设计了"流程筛选—流程定级—流程诊断—流程优化—流程运行"五步实施步骤，围绕组织方式、推进方式和能力建设三个方面构建社会责任融入流程管理的推进机制，从公司近千条业务流程与管理流程中筛选出 11 条重点流程作为示例，从流程的四大要素（"活动、关系、流、人"）着手进行优化和案例汇编，并开发企业社会责任（Corporate Social Responsibility，CSR）流程诊断清单、基于流程的 CSR 思维框架等应用工具，为员工在实际的流程执行中提供基于社会责任视角的方法指导和实践参考。

社会责任融入流程
管理工作手册

基本概念

融入流程管理的
社会责任理念

理论
与方法

社会责任融入流程管理
实施步骤

社会责任融入流程管理
推进机制

目录

供电企业社会责任管理工具丛书

你用电·我用心

Your Power　Our Care

社会责任融入流程管理
工作手册

国家电网有限公司　编

中国电力出版社
CHINA ELECTRIC POWER PRESS

实践与案例

理论与方法

基本概念

流程

流程是指业务流转程序，是一组有目的、前后相关的企业活动，将"输入"转化成为对"客户"有"价值"的输出。流程是企业运作的基础，企业所有的业务都需要流程来驱动。就像人体的血脉，流程把相关的信息数据根据一定的条件从一个人（部门）输送到其他人员（部门）得到相应的结果以后再返回到相关的人（或部门）。

面向客户直接产生价值增值的流程，如电网规划、电网建设、电网运行、电网检修与电力营销等核心业务中的流程

业务流程

**流程
分类**

管理流程

为了控制风险、降低成本、提高工作效率和市场反应速度，最终提高顾客满意度和企业竞争能力的流程，如人力资源管理、资金财务管理、物资管理等职能领域中的流程

流程四要素

活动	关系	流	人
业务操作类活动 上报审批类活动 沟通协调类活动	串联关系 并联关系 条件关系	信息流 物料流 资金流	流程执行人 利益相关方

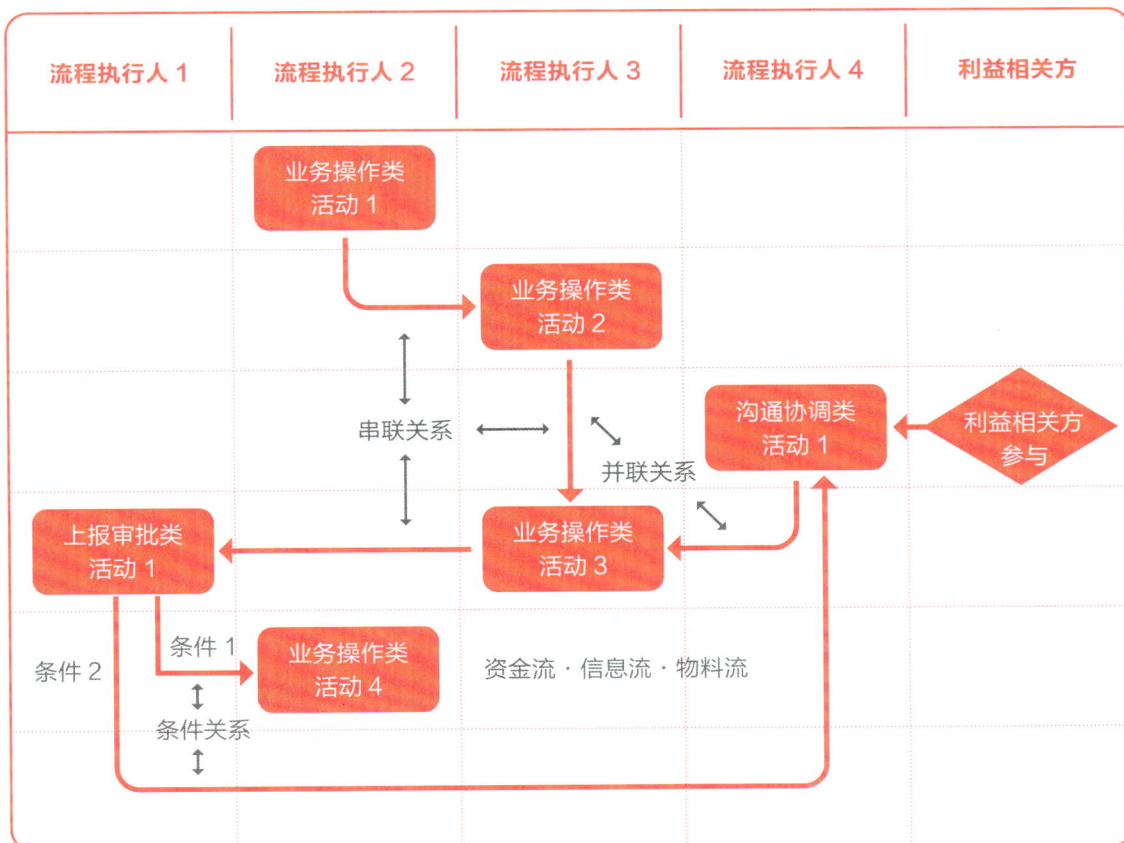

流程执行人 1	流程执行人 2	流程执行人 3	流程执行人 4	利益相关方
	业务操作类 活动 1			
	业务操作类 活动 2			
串联关系		并联关系	沟通协调类 活动 1	利益相关方 参与
上报审批类 活动 1	业务操作类 活动 3			
条件 2　条件 1	业务操作类 活动 4	资金流·信息流·物料流		
条件关系				

流程管理

流程管理是一种以规范化的构造端到端的卓越业务流程为中心，以持续的提高组织业务绩效为目的的系统化方法，其核心是流程。流程管理为客户需求而设计，需要随着内外环境的变化不断被优化改进。

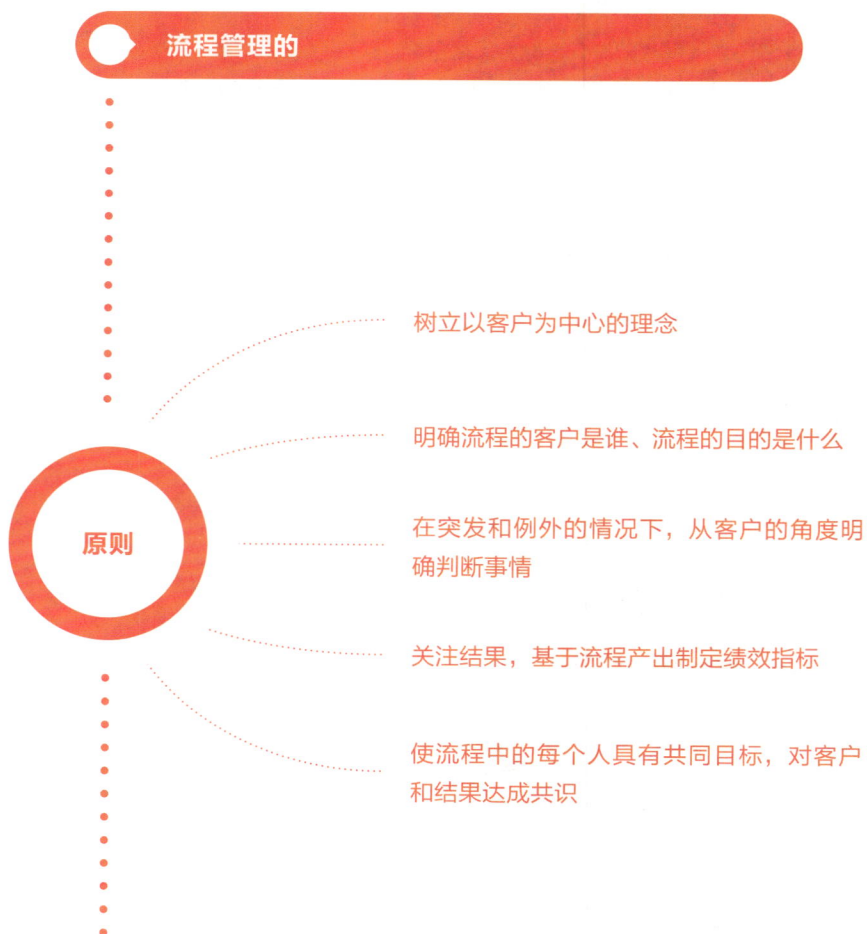

流程管理的

原则

树立以客户为中心的理念

明确流程的客户是谁、流程的目的是什么

在突发和例外的情况下，从客户的角度明确判断事情

关注结果，基于流程产出制定绩效指标

使流程中的每个人具有共同目标，对客户和结果达成共识

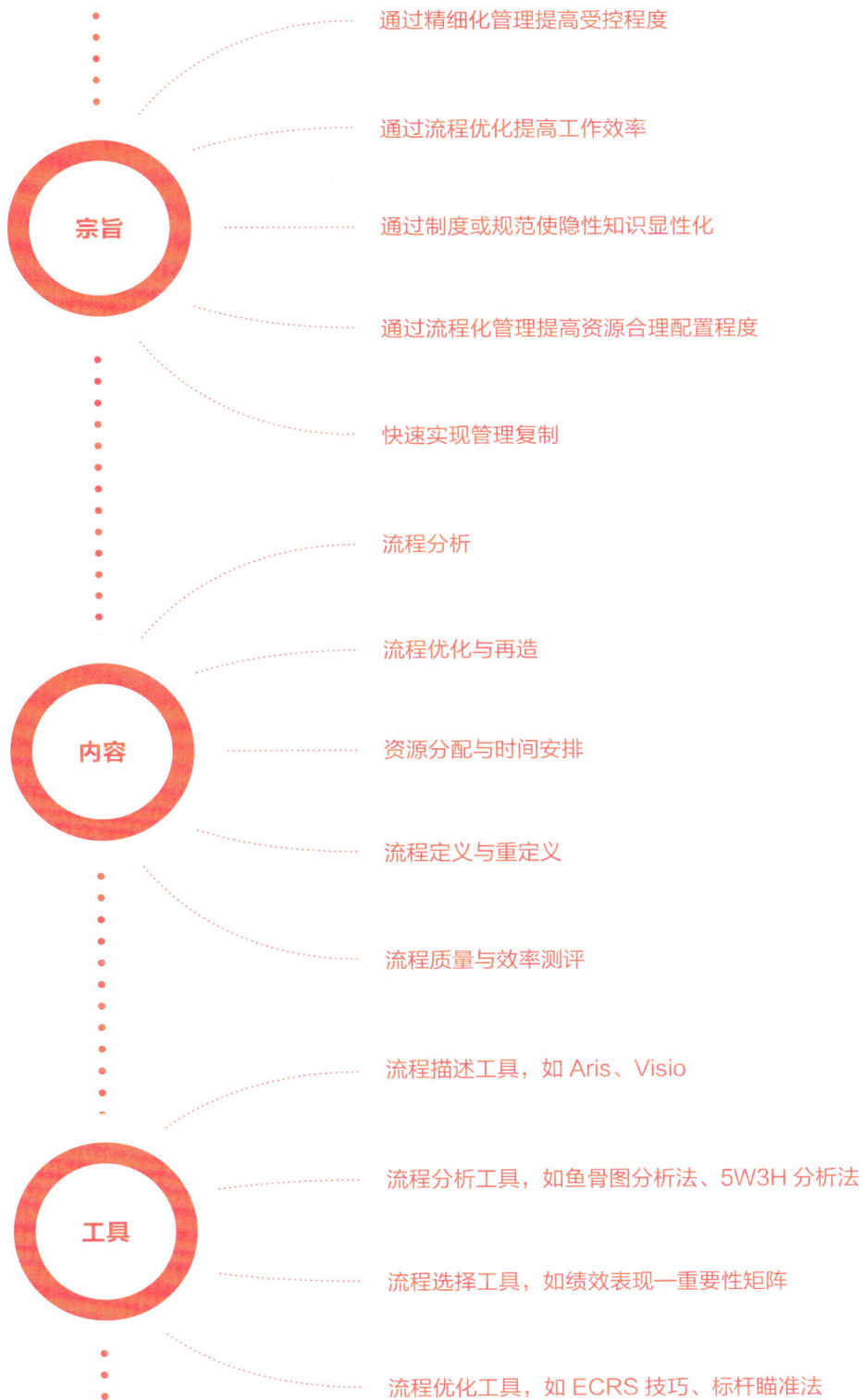

宗旨

- 通过精细化管理提高受控程度
- 通过流程优化提高工作效率
- 通过制度或规范使隐性知识显性化
- 通过流程化管理提高资源合理配置程度
- 快速实现管理复制

内容

- 流程分析
- 流程优化与再造
- 资源分配与时间安排
- 流程定义与重定义
- 流程质量与效率测评

工具

- 流程描述工具，如 Aris、Visio
- 流程分析工具，如鱼骨图分析法、5W3H 分析法
- 流程选择工具，如绩效表现—重要性矩阵
- 流程优化工具，如 ECRS 技巧、标杆瞄准法

企业社会责任

ISO26000 的社会责任观

社会责任是指组织通过透明和道德的行为，为其决策和活动对社会和环境的影响而承担的责任。

这些行为包括

致力于可持续发展，包括健康和社会福祉

考虑利益相关方的期望

遵守适用的法律，并与国际行为规范相一致

融入整个组织，并在其关系中得到践行

国家电网有限公司的社会责任观

社会责任是指企业为协调推进自身与社会的可持续发展，遵循法律法规、社会规范和商业道德，推进利益相关方参与，有效管理企业运营对社会和环境的影响，追求经济、社会、环境综合价值最大化的意愿、行为和绩效。

国家电网有限公司社会责任观的八大关键点

社会责任内生于公司运营过程	离开建设和运营电网的具体过程和综合绩效谈社会责任是缘木求鱼、舍本逐末
确定公司社会责任内容的核心	理解和认识公司运营对社会和环境的影响，包括积极影响和消极影响。有什么样的具体影响，就有什么样的责任内容
公司履行社会责任的内涵	通过与利益相关方的充分沟通与有效合作，管理好公司运营对社会和环境的影响，最大限度增加积极影响，最大限度减少消极影响
判断负责任的企业行为标准	企业行为能否保持透明和道德，包括遵守法律规范、伦理底线和商业道德，考虑利益相关方的期望和利益，致力于可持续发展，以及推动利益相关方参与，保证运营透明度
企业社会责任是企业主动担责的意愿、行为和绩效的统一	意愿内生于企业的治理机制安排，包括公司使命、价值观、战略和组织制度，以及外部压力与动力；行为是指企业主动担责的履责实践；绩效是企业对可持续发展的贡献，即创造的经济、社会、环境价值，以及让利益相关方和社会满意的运营透明度
公司履行社会责任的目的	超越单纯追求利润最大化的狭隘目标，在追求经济、社会、环境综合值最大化的进程中，努力实现企业可持续发展与社会可持续发展的统一与和谐，塑造人民心中可靠可信赖的责任央企品牌
建设责任央企的核心是做到"价值 透明 认同"	"价值"要求公司追求经济、社会、环境综合值最大化；"透明"要求公司强化透明度的顶层设计、制度建设和沟通创新；"认同"要求公司理解、认识和引导利益相关方和社会的期望
社会责任是公司及其员工变革的过程	社会责任是探索和实践员工新的工作方式、企业新的发展方式、企业新的社会沟通方式、企业新的管理模式的过程

社会责任融入

社会责任融入是指将社会责任的理念融入公司战略、决策管理、流程管理、制度管理、绩效管理、沟通管理和企业文化，从而实现公司业务运营、职能管理和运行机制的全面优化，是用社会责任实现企业变革创新的一种新的管理手段。ISO26000《社会责任指南》也提出，要将社会责任融入整个组织，并在其关系中得到践行。国家电网有限公司连续多年推进的全面社会责任管理、社会责任根植项目制及社会责任示范基地建设等工作，就是社会责任融入的手段和方式。

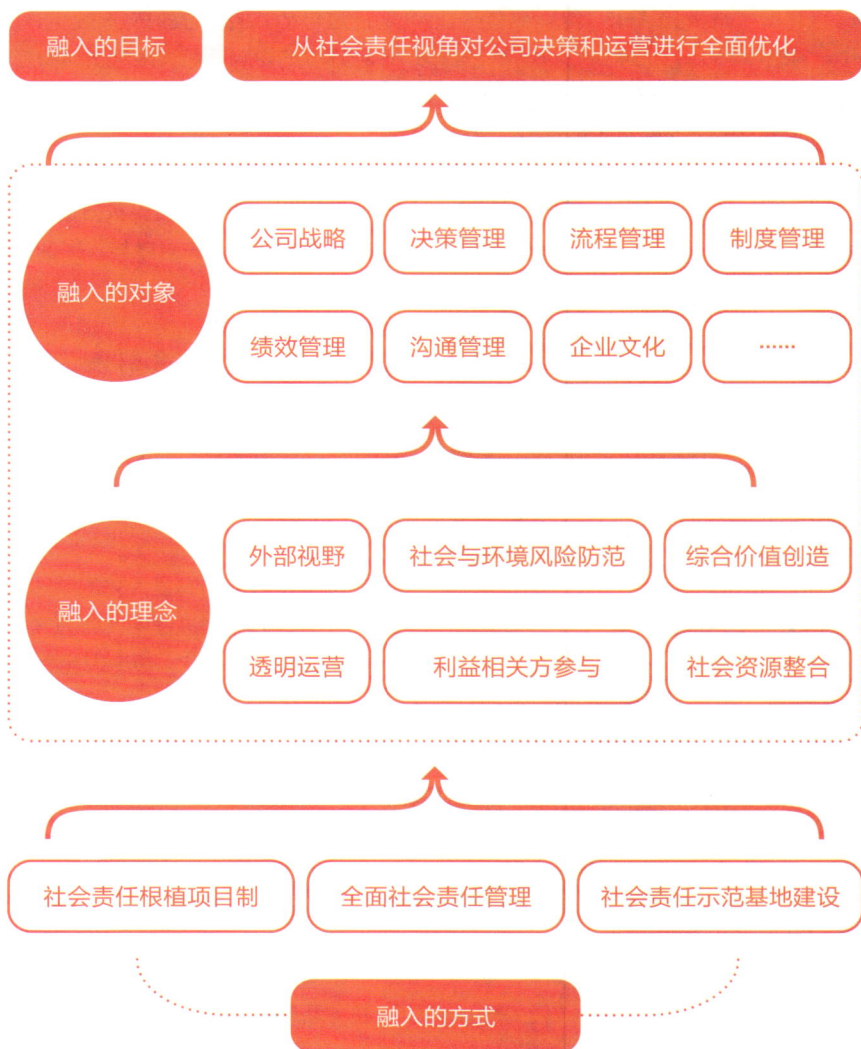

| 融入的目标 | 从社会责任视角对公司决策和运营进行全面优化 |

| 融入的对象 | 公司战略 | 决策管理 | 流程管理 | 制度管理 |
| | 绩效管理 | 沟通管理 | 企业文化 | …… |

| 融入的理念 | 外部视野 | 社会与环境风险防范 | 综合价值创造 |
| | 透明运营 | 利益相关方参与 | 社会资源整合 |

| 社会责任根植项目制 | 全面社会责任管理 | 社会责任示范基地建设 |

| 融入的方式 |

社会责任融入流程管理

将社会责任融入流程管理是指以社会责任的理念和视角对企业的业务流程和管理流程进行重新审视、诊断、优化与再定义，使得公司流程更加符合社会责任的要求，提升流程的社会价值创造力。

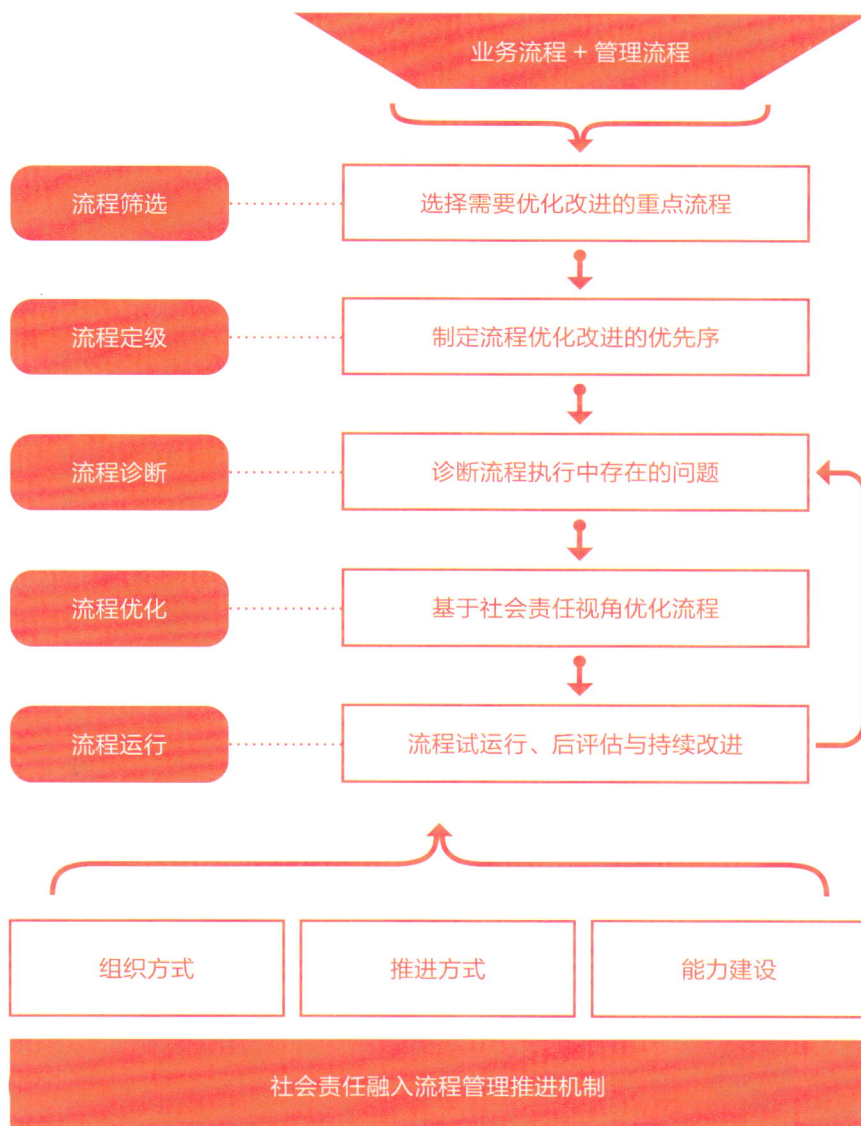

业务流程 + 管理流程

| 流程筛选 | ········ | 选择需要优化改进的重点流程 |

| 流程定级 | ········ | 制定流程优化改进的优先序 |

| 流程诊断 | ········ | 诊断流程执行中存在的问题 |

| 流程优化 | ········ | 基于社会责任视角优化流程 |

| 流程运行 | ········ | 流程试运行、后评估与持续改进 |

| 组织方式 | 推进方式 | 能力建设 |

社会责任融入流程管理推进机制

融入流程管理的社会责任理念

外部视野

外部视野也就是换位思考，是从利益相关方视角和社会视角考虑企业运营与管理问题，不仅要在运营与管理中考虑外部利益相关方和社会的期望与诉求，而且要从为利益相关方和社会创造价值的角度审视企业的运营与管理成效，切实做到"外部期望内部化，内部工作外部化"。

外部视野一方面能够为企业的运营和管理提供新视角与新思路，由此带来运营和管理方式的新变化，另一方面更能彰显企业运营和管理的社会价值和外部功能，增进企业与利益相关方和社会的和谐互动。

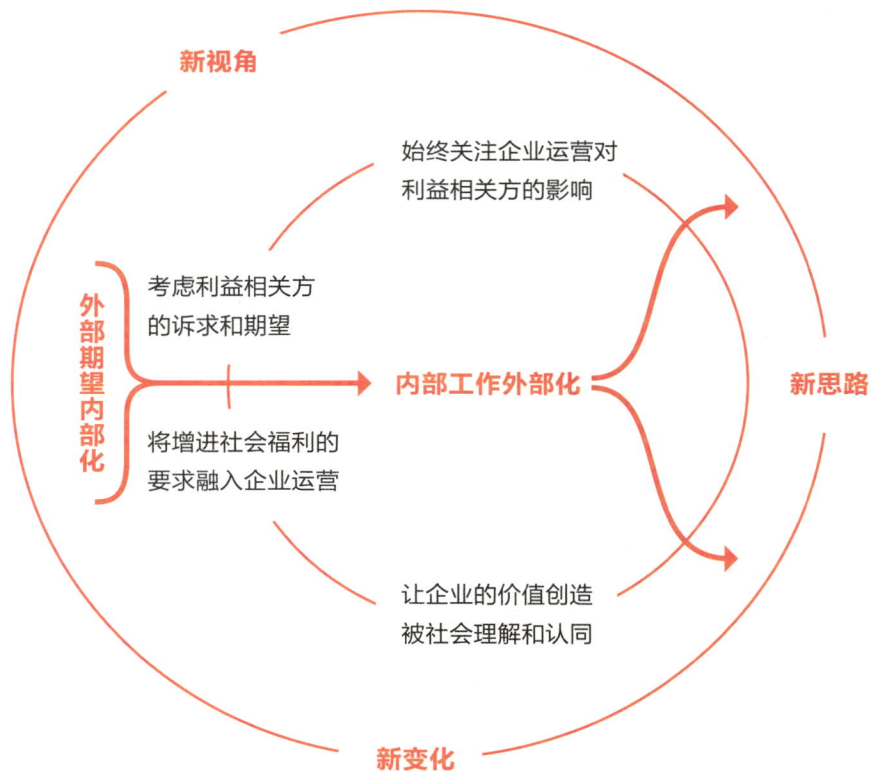

新视角

始终关注企业运营对利益相关方的影响

考虑利益相关方的诉求和期望

外部期望内部化

内部工作外部化

新思路

将增进社会福利的要求融入企业运营

让企业的价值创造被社会理解和认同

新变化

外部视野融入流程管理的思路

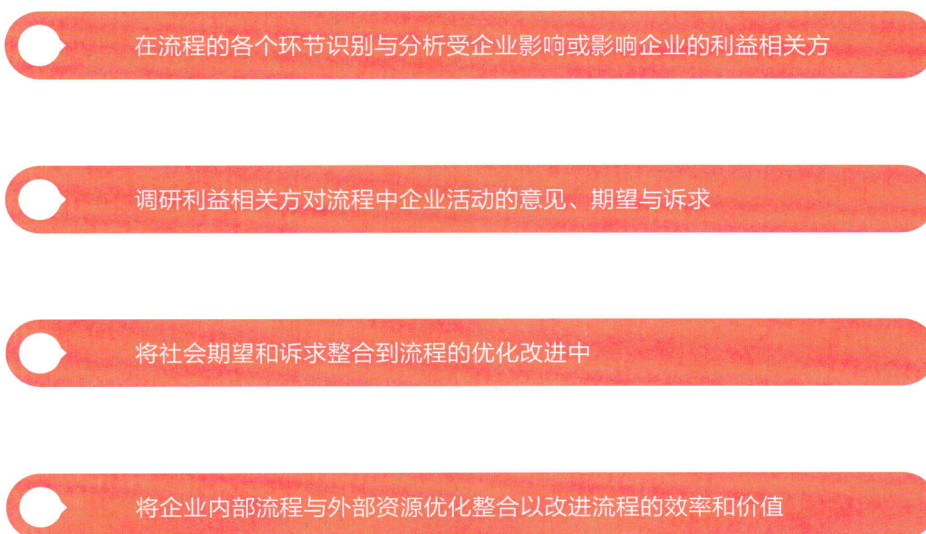

在流程的各个环节识别与分析受企业影响或影响企业的利益相关方

调研利益相关方对流程中企业活动的意见、期望与诉求

将社会期望和诉求整合到流程的优化改进中

将企业内部流程与外部资源优化整合以改进流程的效率和价值

外部视野融入供电企业示例

规划阶段	主动将电网规划视为地方政府规划的一部分，与政府密切沟通，主动汇报
建设阶段	站在外部立场看待电网建设的价值和影响，在建设现场设置专门的沟通渠道
运行阶段	站在发电企业、用电客户及其他运行主体等立场审视电网运行工作，设置沟通渠道
……	……

社会与环境风险防范

企业要做到对社会负责任，必须有效管理自身决策和活动对整个社会大系统的消极影响，最大限度降低自身行为对社会和环境造成的不良后果，有效防范社会与环境风险。这要求企业对于任何决策的制定及任何活动的开展，都应树立社会与环境风险意识，必须评估决策和活动可能对社会与环境造成的消极影响，形成社会与环境风险的科学预测，并针对可能发生的每一项社会与环境风险制定应对策略，确保社会与环境风险的可控、能控、预控、在控。

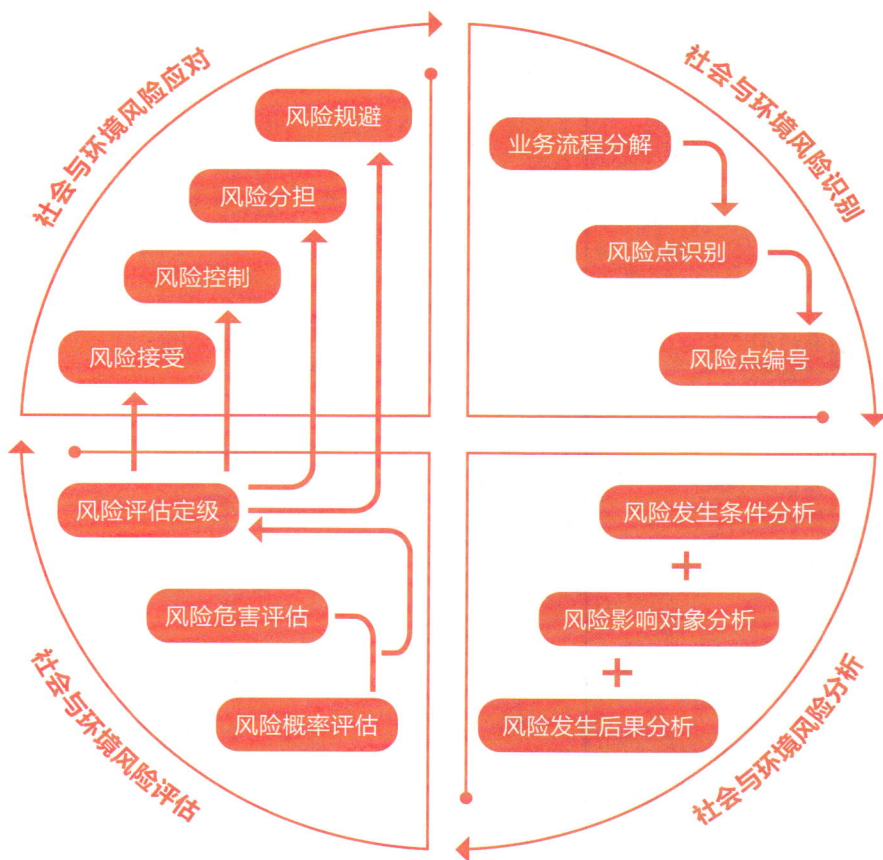

社会与环境风险防范融入流程管理的思路

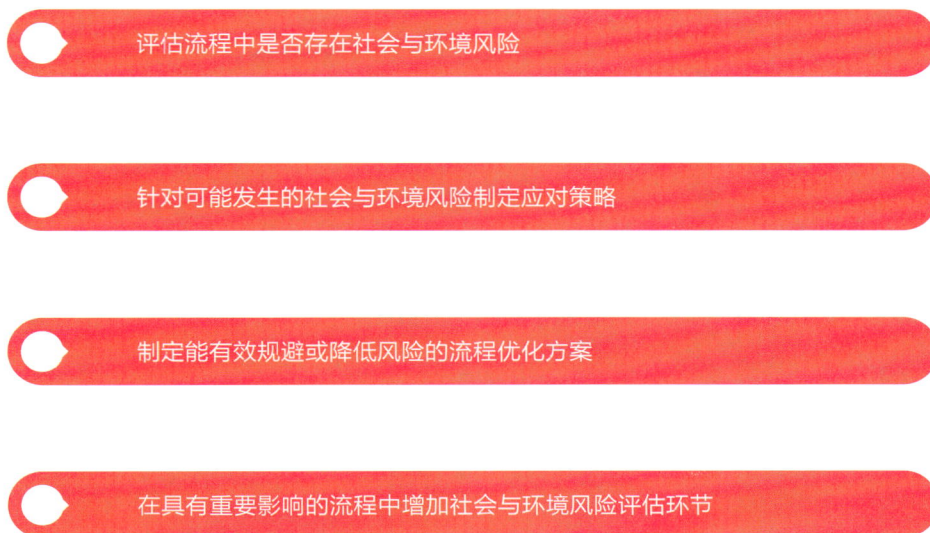

- 评估流程中是否存在社会与环境风险
- 针对可能发生的社会与环境风险制定应对策略
- 制定能有效规避或降低风险的流程优化方案
- 在具有重要影响的流程中增加社会与环境风险评估环节

社会与环境风险防范融入供电企业示例

规划阶段	将社会与环境风险评估纳入电网规划流程，充分评估电网布线、布点可能给周边居民、设施及植被生态带来的影响，平衡制定最佳方案，尽可能降低电网的负面影响
······	······

综合价值创造

综合价值就是经济价值、社会价值和环境价值之和，反映了个体或整体的经济与非经济的多元需求。企业价值、利益相关方价值和社会整体价值都包含经济价值、社会价值和环境价值三个维度，都是综合价值的体现。

综合价值创造理念的核心要求

最大化积极影响

要求企业从积极的、正面的视角审视企业与社会关系，主动将企业行为对经济、社会、环境的积极影响最大化。这意味着企业在作出任何一项决策或开展任何一项行动时，都需要考虑其如何才能最有效、最大限度地创造积极的、正向的综合价值，增进社会整体福利

强调价值平衡性

要求企业从单纯追求财务价值向创造经济、社会与环境综合价值转变，是平衡多方利益和诉求的一种理性和最优选择。用综合价值的视角来思考问题，就是要平衡这些正面的价值和负面的损失，让综合性结果趋于最优，也就是综合价值最大化

突出增量价值

基于综合价值创造的思维方式和工作路径往往能带来相较于传统价值理念下更多的增量价值贡献。要求企业在作出任何决策或开展任何活动时，需要审视这些决策或活动可以为经济、社会、环境及利益相关方带来的价值增量贡献，并将其作为决策或活动对社会负责任程度的重要依据

综合价值融入流程管理的思路

从综合价值的视角评估流程效率和价值产出

考察每一项流程活动对经济、社会、环境可能产生的积极影响，梳理流程的价值点

从效率最优、成本最低、外部满意、环境友好的角度对流程进行优化

综合价值创造融入供电企业示例

规划阶段	将电网规划的目标从技术经济最优向经济繁荣、社会和谐、环境友好的综合价值目标转变，在电网规划流程中增加综合价值评估工作环节，分析电网规划给当地经济发展、社会发展及环境优化等各个方面带来的价值，基于综合价值平衡选择最优规划方案
......	......

透明运营

透明度是企业影响社会、经济和环境的决策和活动的公开性，以及以清晰、准确、及时、诚实和完整的方式进行沟通的意愿。透明运营就是企业在运营过程中对影响社会、经济和环境的决策和活动应当保持合理的透明度，以保证利益相关方的知情权和监督权。

透明运营既是利益相关方和社会对企业的期望与要求，也是企业获得"合法性"及赢得利益相关方了解、理解、认同、支持的必然选择。透明运营要求企业全面加强透明度管理，确保企业的信息发布内容与利益相关方的信息需求能够高度匹配和契合。

透明运营的三个基本问题

透明什么？ 透明并不意味着企业需要无底线的透明，而是应当做到合理的、恰当程度的透明

对谁透明？ 利益相关方是企业开展透明运营的基本对象，透明的对象也需要遵循一定的差异化原则

如何透明？ 利益相关方沟通是企业开展透明运营的主要方式，也是企业透明度管理的核心内容

透明运营融入流程管理的思路

从透明运营的角度梳理需要向社会公开的流程

梳理流程节点中需要向社会公开的活动和信息

搭建渠道和平台让流程中的利益相关方实现有效沟通

运用信息化的手段实现流程中资金流、信息流、物流的实时、可视地被管控

透明运营融入供电企业示例

运行阶段	对电网运行中的重要信息，如计划停电安排、有序用电方案等，需要做好社会透明度管理，开辟多个渠道有针对性的传播有关信息，保证信息及时准确传递给利益相关方
检修阶段	充分运用大数据、信息平台等手段，加强电网检修过程的透明运营，做好抢修过程的可视化和实时传播，增进用户对电网检修的参与感
……	……

利益相关方参与

利益相关方参与是指为创造组织与一个或多个利益相关方的对话机会而开展的活动，目的是为组织决策提供信息基础。利益相关方参与能够为组织带来五个方面的益处，即满足法律法规要求、增进决策和活动的有效性、协调处理冲突与关系、推动互利合作、促进持续改进。

推动利益相关方参与的四个基本问题

要不要参与？　当企业运营对利益相关方具有较为重大或明显的影响，或需要利益相关方或外部资源给予重要支持时，通常需要推动利益相关方参与

谁来参与？　对其负有法律义务、受到重大影响或对运营具有重要影响、能够提供重要支持的外部主体是企业推动利益相关方参与的重点对象

参与什么？　法律法规明确规定、产生重大影响的活动发生之前、亟须外部给予各种支持的环节和内容，都是企业推动利益相关方参与的优先领域

如何参与？　个人会晤、会议、研讨会、公开听证、圆桌讨论、咨询委员会、集体谈判和网络论坛、相互合作等，可根据不同对象和情境选择参与方式

利益相关方参与融入流程管理的思路

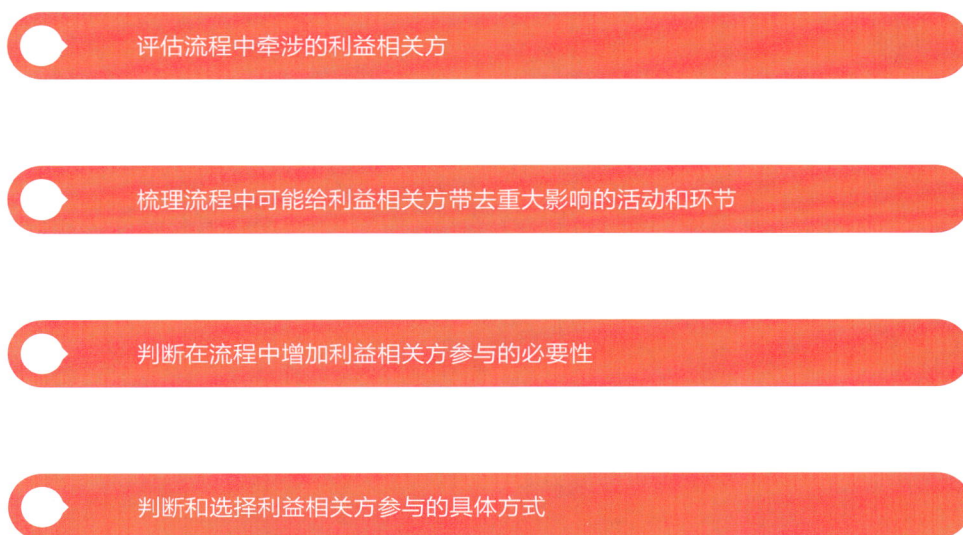

评估流程中牵涉的利益相关方

梳理流程中可能给利益相关方带去重大影响的活动和环节

判断在流程中增加利益相关方参与的必要性

判断和选择利益相关方参与的具体方式

利益相关方参与融入供电企业示例

规划阶段	对于电网布线、布点可能产生的难以避免的社会与环境风险，应在规划流程中纳入利益相关方参与，与受影响的利益相关方开展协商对话，将负面影响降到最低
运行阶段	对于电网运行中难以避免的社会与环境风险如停电、弃风弃水等，需要与受影响的利益相关方开展协商对话，保证其知情权、表决权、监督权，共同将风险的损失降到最低
……	……

社会资源整合

社会资源整合指的是企业在解决某个问题或达成某项目标过程中，着眼于全社会视角，对各种外部社会资源进行识别、整合、重新配置，推动企业内部资源与外部社会资源的相互耦合，促使外部社会资源得到更加高效的配置和更加充分的利用，从而为企业解决问题或达成目标创造更大的价值。

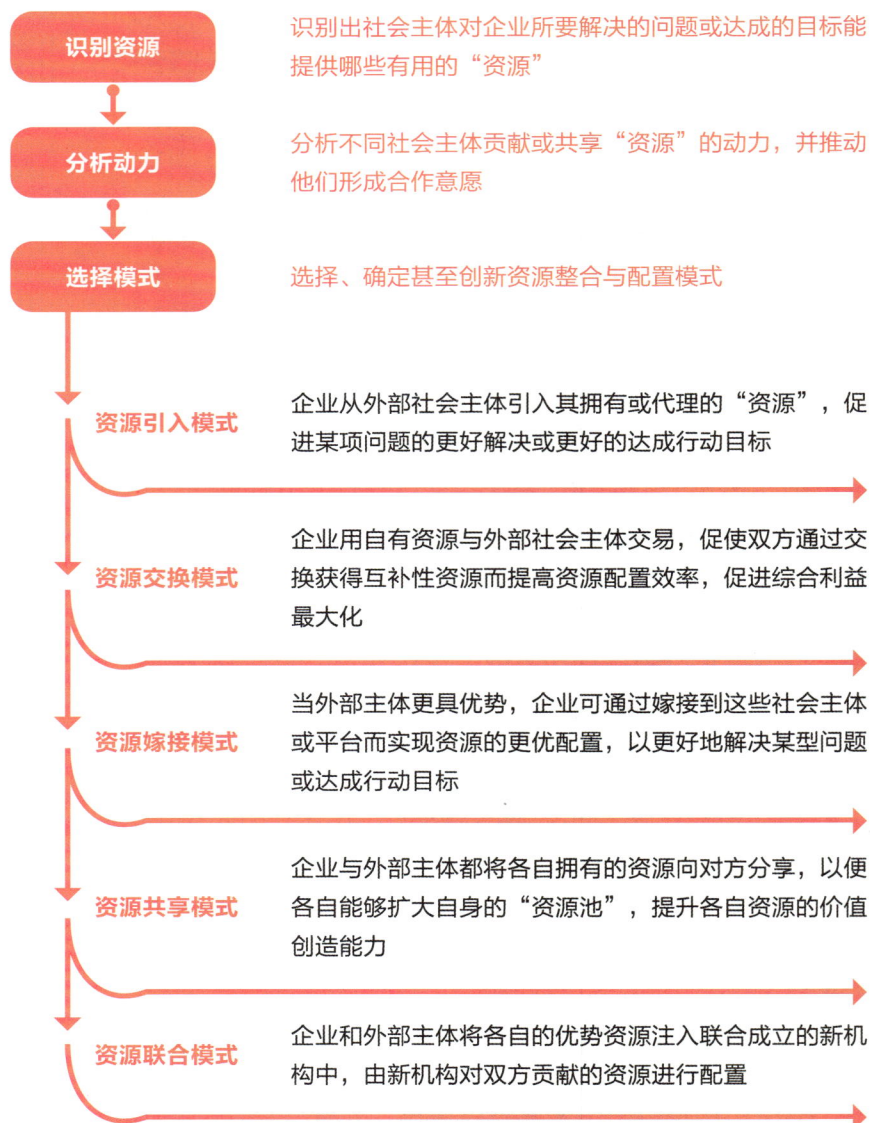

识别资源　识别出社会主体对企业所要解决的问题或达成的目标能提供哪些有用的"资源"

分析动力　分析不同社会主体贡献或共享"资源"的动力，并推动他们形成合作意愿

选择模式　选择、确定甚至创新资源整合与配置模式

资源引入模式　企业从外部社会主体引入其拥有或代理的"资源"，促进某项问题的更好解决或更好的达成行动目标

资源交换模式　企业用自有资源与外部社会主体交易，促使双方通过交换获得互补性资源而提高资源配置效率，促进综合利益最大化

资源嫁接模式　当外部主体更具优势，企业可通过嫁接到这些社会主体或平台而实现资源的更优配置，以更好地解决某型问题或达成行动目标

资源共享模式　企业与外部主体都将各自拥有的资源向对方分享，以便各自能够扩大自身的"资源池"，提升各自资源的价值创造能力

资源联合模式　企业和外部主体将各自的优势资源注入联合成立的新机构中，由新机构对双方贡献的资源进行配置

社会资源整合融入流程管理的思路

分析当前流程运行中，是否存在资源（人、资金、技术、物资等）短缺或配置效率低下的问题

识别出哪些利益相关方与外部社会主体拥有企业流程中所欠缺的资源

寻找与外部主体资源合作的动力和契机，沟通达成合作

设计如何将外部资源引入当前流程中，优化流程的效率和价值创造能力

社会资源整合融入供电企业示例

检修阶段	整合商家、社会机构、媒体、广大公众等多方力量，创新合作方式和工作方式，充分发动社会力量参与电力设施保护与巡检管理，最大化降低外力破坏对电网造成的影响，维护电网安全
......	......

**社会责任
融入
流程管理
实施步骤**

流程筛选
——选择需优化改进的重点流程

企业的流程成百上千，为了便于操作和优化流程，需要从近千条流程中，筛选出最为重要的那部分流程，来进行基于社会责任的优化改进。流程筛选就是运用一套标准化的评估方法，筛选出需要基于社会责任视角进行优化改进的那一部分流程的操作过程。

流程筛选原则

依据清单　　为便于操作和统一共识，依据供电企业现有的流程架构清单筛选流程

自下而上　　从流程清单的最底层流程着手，自下而上，由点及面优化公司流程

多方参与　　为兼顾可行性与成效，由企业内部人员和外部专家共同参与筛选

全面覆盖　　筛选的重点流程应基本覆盖企业业务和管理的各个方面

分门别类　　从规划、建设、运行、检修、营销等业务流程和人资、物资等管理流程分类别进行流程筛选

流程筛选标准

重点流程的筛选标准包含以下四个方面：

有外部接口

有外部接口是指流程是面向社会、面向外部的，与内外部利益相关方有较多的关联和交集。具体体现为三个方面：一是该条流程与企业外部有接洽；二是流程涉及较多的人或部门；三是利益相关方对流程有决定性影响。

示例

建设施工过程外部环境协调管理流程

该流程需要与外部的地方政府、项目所在地的村干部、居民等进行协调沟通；流程涉及基建管理部门与发展、物资、营销、运检、调控、财务、档案等诸多专业部门；居民、村干部等利益相关方的态度直接决定了流程运转是否顺利。

有突出问题

有突出问题是指流程运行会产生问题或面临问题。具体体现为三个方面：一是流程会带来一定的社会或环境负面影响；二是流程执行起来会面临较多的困难或阻碍；三是流程运行中时常发生冲突或矛盾，给企业带来负面影响。

示例

电费欠费停电管理流程

该流程引发的停电操作会给客户带来经济损失、生活不便等负面影响；流程在具体执行中会面临沟通、协调上的困境和阻碍；停电操作也会引发社会矛盾和负面舆论，影响供电企业的声誉和社会形象。

对企业有重要性

对企业有重要性是指筛选出的流程应该是企业主营业务、核心职能、重点工作中的关键流程，是直接落地企业战略、影响企业经营绩效的流程。

示例

业扩报装管理流程

业扩报装是电网企业营销业务中的核心工作，是开辟新客户，给企业创造新的营收增长点的关键流程。业扩报装的效率、规模直接影响着企业的经营业绩，是非常重要的流程。

有显著综合价值

有显著综合价值是指流程活动的执行或产出具有较大经济、社会或环境价值。具体体现为三个方面：一是流程的顺利执行可以创造显著的经济价值；二是流程的顺利执行可以创造显著的社会价值；三是流程的顺利执行可以创造显著的环境价值。

示例

分布式电源并网服务管理流程

电源并网服务是供电企业主营业务中的关键环节和重点工作内容；分布式电源顺利并网可以促进地方经济发展，提升对客户的供电服务能力，为社会创造就业和致富机会，也有助于带动光伏发电、风力发电等新能源发电的发展。

重点流程筛选操作步骤

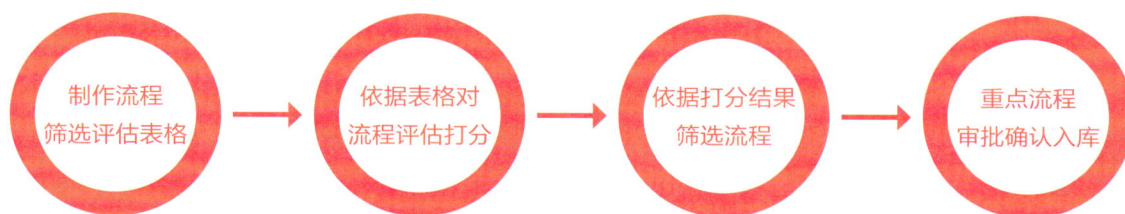

制作流程
筛选评估表格 → 依据表格对
流程评估打分 → 依据打分结果
筛选流程 → 重点流程
审批确认入库

1 制作重点流程筛选评估表格

由外部专家依据筛选标准制定重点流程筛选评估表（工具1）。

工具 1
重点流程筛选
评估表

2 对所属流程进行评估打分

社会责任主管部门将评估表分发给各部门，各部门对其业务
范围内的流程逐项进行评估打分，并按照总分从高到低排序。

3 依据评估结果筛选重点流程

社会责任主管部门和外部专家一起根据各部门的打分结果，
从高到低选出各部门各领域内的重点流程。其原则为：四项
评估标准单项得分为满分或总分 70 分以上或排名各部门前三
的流程皆为重点流程，具体可根据实际情况微调。

4 对重点流程清单进行审核确认并建档入库

将筛选出的重点流程清单提交流程管理和社会责任主管领导
审核，建立优化改进的流程库，作为未来开展社会责任融入
流程管理的备选流程。

流程定级
——制定流程优化改进的优先序

筛选出的重点流程，需要结合流程优化改进的紧迫性和可操作性等因素，对重点流程作进一步的分类定级，制定出流程优化改进的优先序，从而有计划、有节奏地推进企业的社会责任融入流程管理工作。

定级准则

准则 1   **重要性**

重要性是指流程本身在公司发挥社会功能方面的重要程度，主要包含流程的外部接口、突出问题和显著综合价值三个方面。流程重要性的评估结果可直接采纳上一步重点流程筛选的结果。

准则 2   **紧迫性**

紧迫性是指流程基于内外压力，有较为紧迫的优化改进的需求。主要体现在两个方面：一是流程本身运行过程中存在诸多问题，面临亟须改进的内在需要；二是政府、公司总部或外部利益相关方有提出对该流程进行优化改进的需求。

准则 3   **操作性**

操作性是指在重要性和紧迫性基础上，由简入难，选择相对容易操作的流程优先进行改进。主要体现在三个方面：一是从经济的角度，流程的改进成本相对较低，不会带来大的损失或风险；二是从技术的角度，流程改进对企业运行不会带来大的冲击，在技术上可行；三是从社会的角度，流程的负责人、涉及的利益相关方都能够比较快地接受流程的改进。

定级步骤

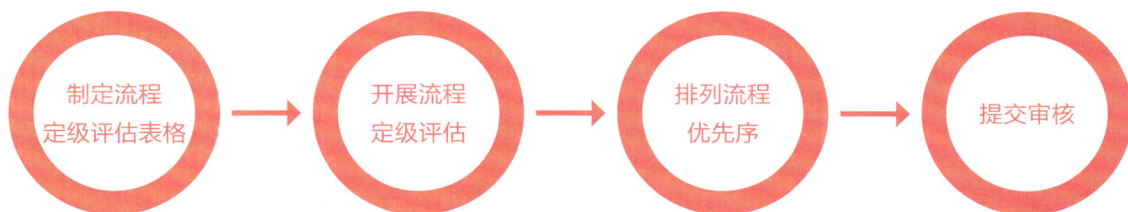

工具 2

流程优化改进
优先序定级评
估表格

1 制定流程定级评估表格

由外部专家制定流程优化改进优先序定级评估表格（工具 2），
表格依据流程的重要性、优化改进的紧迫性和可操作性三大
指标制定 0 ～ 40 不等的分数，用于综合评估流程优化改进的
优先顺序。

2 开展流程定级评估

由企业流程管理工作组（详见 41 页）运用流程优化改进优先
序定级评估表格对筛选出来的重点流程逐项进行打分，每个
指标的具体分数由工作组成员在共同商讨基础上取平均值。

3 排列流程优先序

根据评估结果，按分数由高到低排出流程改进的优先序，制
定出社会责任融入流程管理的近期、中期和远期流程清单。

4 提交审核

将制定的流程改进优先序列表及流程管理的近期、中期和远
期清单提交社会责任融入流程管理的管理层审核确认。

流程诊断
——发现流程执行中存在的问题

结合需要优先改进的流程清单，到企业实地走访调研，对涉及流程的利益相关方、其他接口部门进行访谈沟通，收集流程信息，诊断流程中存在的问题，沟通流程改进的方向。

调研目的

开展流程调研是近距离了解流程运行状况，与流程相关人面对面沟通、分析流程中存在的问题和诊断流程改进方向的重要机会，主要明确以下三个目标：

流程梳理　结合企业流程文件，通过实地调研，了解流程在实际中的运行状况，对流程进行梳理，识别出流程中的活动、关系、流与人四大要素，必要的情况下，对流程图进行修订。

信息收集　通过面对面的访谈交流，了解流程涉及各个参与方的诉求、想法，收集流程运行全过程涉及的信息、资料和案例，为流程优化做准备。

工具3
CSR 流程诊断清单

流程诊断　依据开发的 CSR 流程诊断清单（工具 3），对流程各个节点、各个要素进行细致全面的判定，从社会责任视角诊断流程存在的问题，找出流程优化的方向和切入点。

CSR 流程诊断的步骤和思路

诊断对象	诊断思路

活动

1　分析整条流程包含哪几项活动

2　识别出流程中可能产生社会与环境风险的关键活动

3　识别流程中创造价值的关键活动

4　诊断这些关键活动的产出、效率和管理是否存在提升的空间

关系

5　了解活动之间的关系，绘制流程图

6　诊断有哪些串联的活动可以调整为并联关系或开辟绿色通道

7　诊断是否有必要纳入利益相关方参与、社会与环境风险评估等环节

流

8　识别整条流程的信息流、物料流和资金流

9　诊断流程中各项流的透明管理是否有提升空间

10　诊断流程中各项流的社会与环境风险管理是否有提升空间

人

11　识别流程涉及的责任人与利益相关方

12　诊断流程责任人的社会责任理念与意识是否有提升的空间

13　诊断流程责任人与利益相关方的互动关系是否有提升的空间

调研对象

流程执行人

流程执行人是流程中具体执行各项活动的参与方。流程执行人往往不止一个人，也不限于某一个部门，而是整条流程活动中各个环节上的关键责任人。

流程相关人

流程相关人是指流程涉及的利益相关方，包括流程服务的对象，可能受到流程影响的群体、与流程有合作往来的外部人员等。

调研方法

现场跟随法

现场跟随法是由调查人员作为旁观者，紧密跟踪一个具体的流程执行过程，进行现场的观察、记录和诊断的一种方法。现场跟随法有利于真实、立体、全面了解流程的运作情况。但调查的时间往往受限于流程的周期，会有比较长的时间要求。

集中访谈法

集中访谈法是由调查人员作为主持人，召集流程中的负责人和相关人，集中访谈了解各方诉求，分析流程中存在问题，收集好的做法和经验的一种方法。集中访谈法是效率较高的一种调查方法，但需要协调流程中各方的时间。

问卷调查法

问卷调查法是由调查人员设计调查问卷和 CSR 流程诊断清单，直接下发给流程负责人和流程相关方，请其填写反馈的一种方法。问卷调查法有利于大规模、结构化地收集流程信息，是对实地调研很好的补充。

调研步骤

步骤一　制定方案

在专家组与工作组充分沟通的基础上，针对需要优化改进的流程清单，制定个性化的流程调研方案。调研方案包括调研的对象、调研采取的方法、时间安排，调查问卷、访谈提纲及CSR流程诊断清单等。

步骤二　组织调研

按照调研方案，组织安排相关人员接受调研。每个流程调研时间为 0.5 ～ 1 天不等。为提高调研有效性，企业社会责任工作人员应在调研之前提前交代社会责任融入流程管理的工作目标、任务，提前下发调研方案，让流程相关人员对调研的目的有清晰的了解。

步骤三　问题诊断

调研人员应在每一个流程调研结束后及时汇总整理流程调研收集的信息，编写 CSR 流程诊断报告，内容包括：对流程的运行现状、存在的问题、社会责任融入的切入口及流程优化的方向等。

流程优化
——基于社会责任视角对流程调整优化

流程优化就是在流程诊断的基础上，进一步从流程的活动、关系、流与人四大要素出发，以社会责任的理念和视角对流程进行优化与再定义，并制定流程改进方案。

流程优化原则

符合法律法规

流程优化方案与现有的法律法规、企业规章制度不冲突，在合规性上具有较强的可行性，能够在现有的惯性做法中得到落实。

符合业务运行的基本规律

流程优化方案要顺应业务本身的运行规律，在管理上、技术上和经济上都具有较好的可行性，由简入难，分步骤实施，确保优化方案的最大化应用。

符合社会责任理念要求

流程优化方案能够切实提高运行顺畅度、增加利益相关方满意度，提升企业社会责任管理的水平，对解决流程问题有实质性的作用。

流程优化方法

对流程的优化主要是基于流程诊断的结果，运用社会责任的理念方法，从流程的活动、关系、流与人四大要素出发，分别制定优化改进的策略和方法。

对流程中 **活动** 的优化

加强对关键活动的社会与环境风险管理

对于可能带来较大社会或环境风险的关键活动，在活动开展之前增加一道社会与环境风险评估与预防环节。如在欠费停电管理流程中，在执行停电活动前，应开展社会与环境风险评估，分析停电可能给用户造成的损害，制定社会风险最小化的停电策略，避免导致公共事件引发负面舆情。

在重要活动环节增加利益相关方参与

对流程中可能产生重大影响的活动，在活动开展之前，与受影响的利益相关方进行充分的沟通对话，让利益相关方参与到活动决策中。如在电网建设流程中，对于受工程影响需要搬迁的居民，应召开利益相关方沟通会，通过充分地对话沟通达成共识，再开展下一步的工程安排，避免后续工程中阻工事件的发生。

加强创新提高活动本身的价值创造能力

对于直接创造价值的活动环节，尝试融入综合价值创造、社会资源整合等社会责任理念，创新工作方式与合作模式，提高活动本身的价值创造能力。如在废旧物资处置流程中，增加经济、社会、环境的维度，以及外部利益相关方的视角，创新思路和方法，寻找对环境影响最小、经济与社会价值兼备的最佳处置方式。

对流程中   关系   的优化

简化流程提高流程运作效率

简化流程是流程优化最主要的手段，简化方式包括对不必要的流程环节的删除，或将串联的流程改为并联，从而提高整体流程运行的效率，减少用户或利益相关方在流程中扭转的次数和等待的时间。如在业扩报装流程中，整合简化业务办理手续，推行"一证式受理、一次性告知、一站式服务"业务报装用电业务办理，缩短供电方案答复、图纸审核与送电时间。

改变流程程序降低流程风险

对流程执行的程序进行调整，通过改变流程顺序、严格程序规范等方式，防范流程执行引发的社会与环境风险。如在电网建设流程中，建立先签（迁）后建的工作机制，确保在电网工程建设之前，有关土地征拆、通道清理的补偿工作都得到妥当处置，最大化减少施工过程中外部协调的工作量。

为特殊服务对象开绿色通道

在现有流程框架下，增设绿色通道，为特殊对象如扶贫帮扶对象、清洁能源企业等提供更加便捷高效的服务。如在分布式光伏项目接入与并网服务流程中，专门为纳入光伏扶贫的客户开辟绿色通道，提供业务受理、政策咨询和技术指导的便捷服务。

对流程中　　**流**　　**的优化**

加强对流程中三大流向的透明管理

流程透明一方面是通过透明度管理，让整个流程中的信息、资金、物料的流向被重要的具有知情权的利益相关方及时知晓并参与监督；另一方面是通过信息化或社会表达的手段，让流程清晰、易懂，让参与流程的责任人和利益相关方能够准确把握流程的运作和自身参与的节点。

加强对物料流的全生命周期管理

在流程的物料管理中，树立全生命周期的理念，对进出流程物料的来龙去向做全盘的追踪、监管，最大化降低物料流向对社会、环境造成的负面影响。如在废旧物资处置流程中，对交付出去的废旧物资的去向、最终的处置方式进一步跟踪，督促物资接受方依法合规地对废旧物资进行处理，充分履行社会责任预防连带风险。

对流程中 **人** 的优化

明晰界定流程中各利益相关方的责任、权利和义务

引入社会责任边界管理的思想，对流程中涉及的各利益相关方包括各个环节的历程执行人及流程相关人的责任、权利和义务进行重新梳理，更加清晰地界定各方的责任边界，避免权责推诿、责任空白或过度履责等情况发生。

工具 4

基于流程的
CSR 思维框架

优化流程责任人的社会责任意识和能力

构建一套基于流程的 CSR 思维框架（工具 4），指导流程责任人在实际工作中换位思考、多想一步、多行一步，提升其社会责任意识。同时收集同行和企业日常运行中，各流程关键环节的优秀经验和案例，形成最佳实践参考指南，供流程责任人翻阅借鉴。

搭建合作机制壮大流程参与人的力量和积极性

对于某些需要更广大人力资源才能更好地完成的流程，应该引入外部视野和利益相关方参与的理念，搭建社会合作机制，整合多方力量，扩大流程执行人队伍，提高社会力量参与的积极性。如在电力设施保护管理流程中，通过与地方政府、社群等机构的合作，让更多人参与到对电力设施的保护工作中来。

流程优化方案制定

工作组根据流程调研诊断的结果，结合流程优化的方法，制定流程优化改进的组合策略，形成基于社会责任的流程优化改进方案（工具 5、工具 6），并上报管理层审核。流程优化方案从主要流程涉及的"活动、关系、流、人"四大要素着手，结合流程优化的方法，制定相应的改进方案。

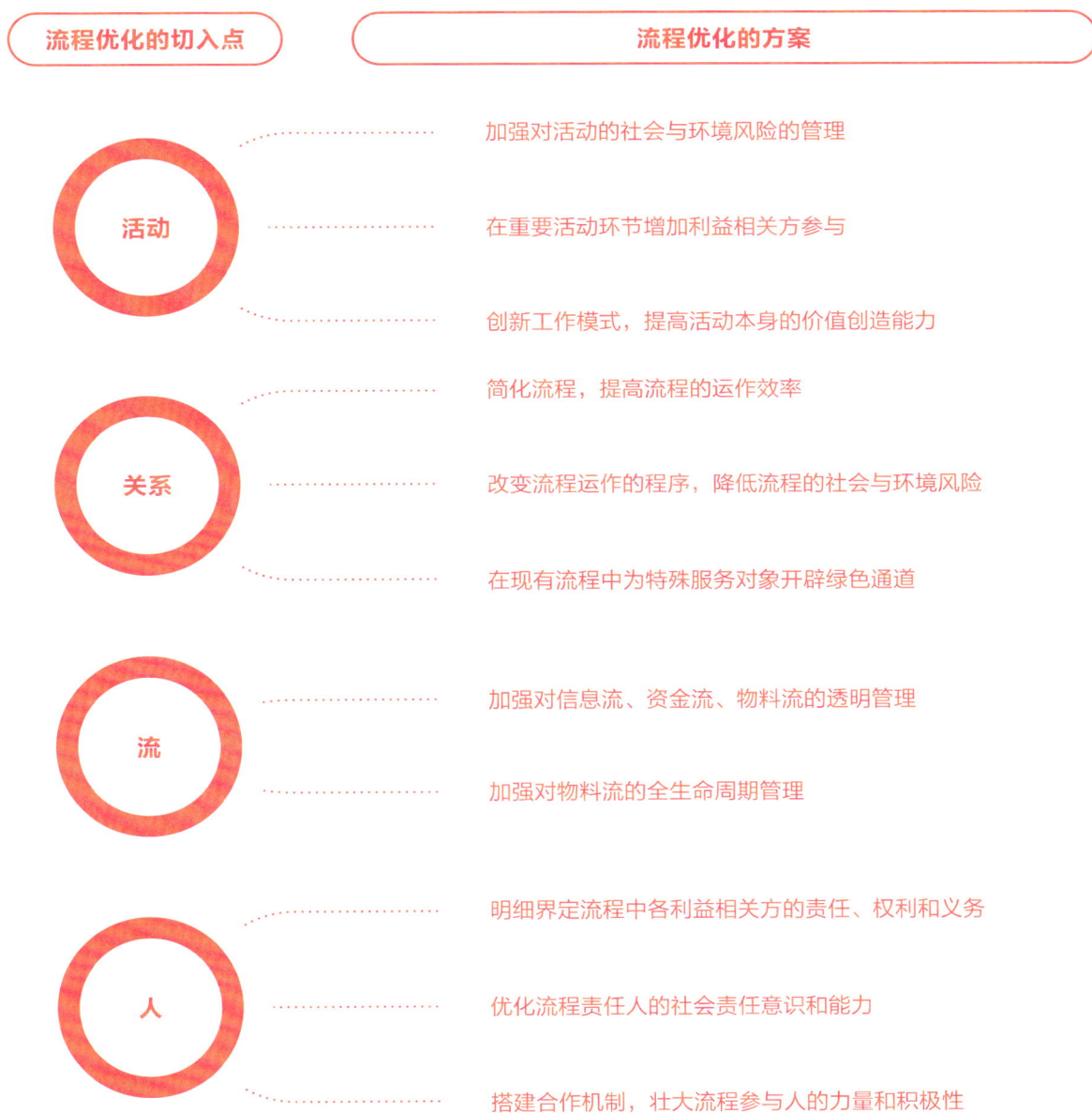

工具 5、工具 6

CSR 融入专业
工作流程检验表

CSR 融入专业
工作流程图

流程优化的切入点	流程优化的方案
活动	加强对活动的社会与环境风险的管理
	在重要活动环节增加利益相关方参与
	创新工作模式，提高活动本身的价值创造能力
关系	简化流程，提高流程的运作效率
	改变流程运作的程序，降低流程的社会与环境风险
	在现有流程中为特殊服务对象开辟绿色通道
流	加强对信息流、资金流、物料流的透明管理
	加强对物料流的全生命周期管理
人	明细界定流程中各利益相关方的责任、权利和义务
	优化流程责任人的社会责任意识和能力
	搭建合作机制，壮大流程参与人的力量和积极性

流程运行
——优化后流程的试运行与后评估

将优化的流程方案在企业实际中试运行，评估优化的效果，做出微调和改进。

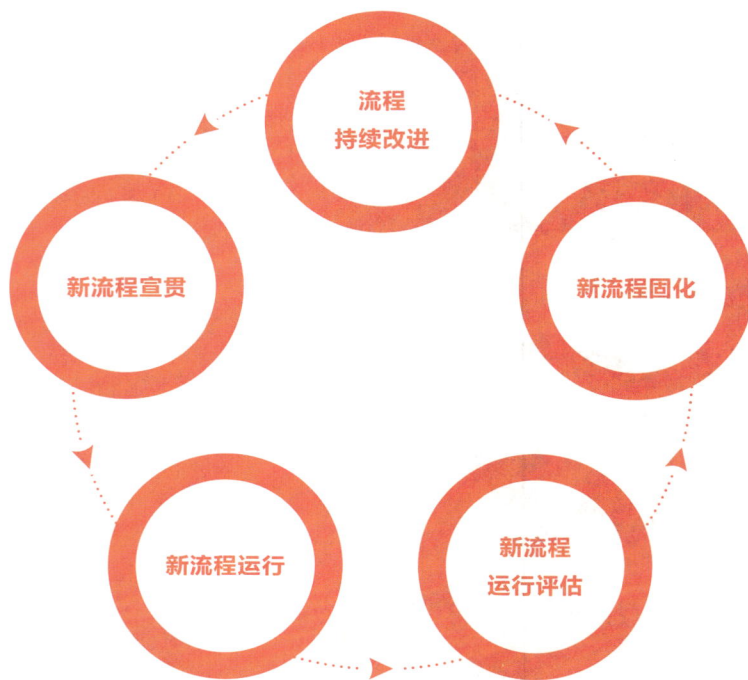

流程
持续改进

新流程宣贯

新流程固化

新流程运行

新流程
运行评估

新流程宣贯

在流程实际运行之前，有必要将优化后的新流程在流程负责人和流程相关人中开展宣传、培训，让各利益相关方充分认识新流程的变化、优化改进的意义和价值，接受对惯性工作和惯性思维的转变，积极拥抱新的工作方式。

新流程运行

新流程在实际工作中运行，为保证工作前后的衔接，减少流程改变带来的不便和震荡，刚开始可以选择将新流程在试点单位进行试运行。经过一段时间的稳定运行和对效果的评估后，再在更大范围内推广。

工具 7

新流程运行
评估表

新流程运行评估

工作组制定新流程运行评估表（工具 7），对运行一段时间的新流程进行全面评估，了解优化方案的落实情况，流程责任人与流程相关人的意见建议，评估新流程是否解决了旧流程中存在的问题，是否创造了更大的综合价值。

新流程固化

工作组在新流程运行评估基础上，选择运行情况良好，绩效达到预期的优化后的流程，及时固化成果，按照企业流程管理手册的标准模板进行编辑、更改和入编，成为企业的正式流程文件予以管理。

流程持续改进

基于流程优化的思路和方法，结合企业当前的运营状况和社会环境，逐步深入、逐项推进，对新流程进行持续的微调和完善，并将改进后的新流程再一次投入新一轮的运行中。

社会责任融入流程管理推进机制

组织方式

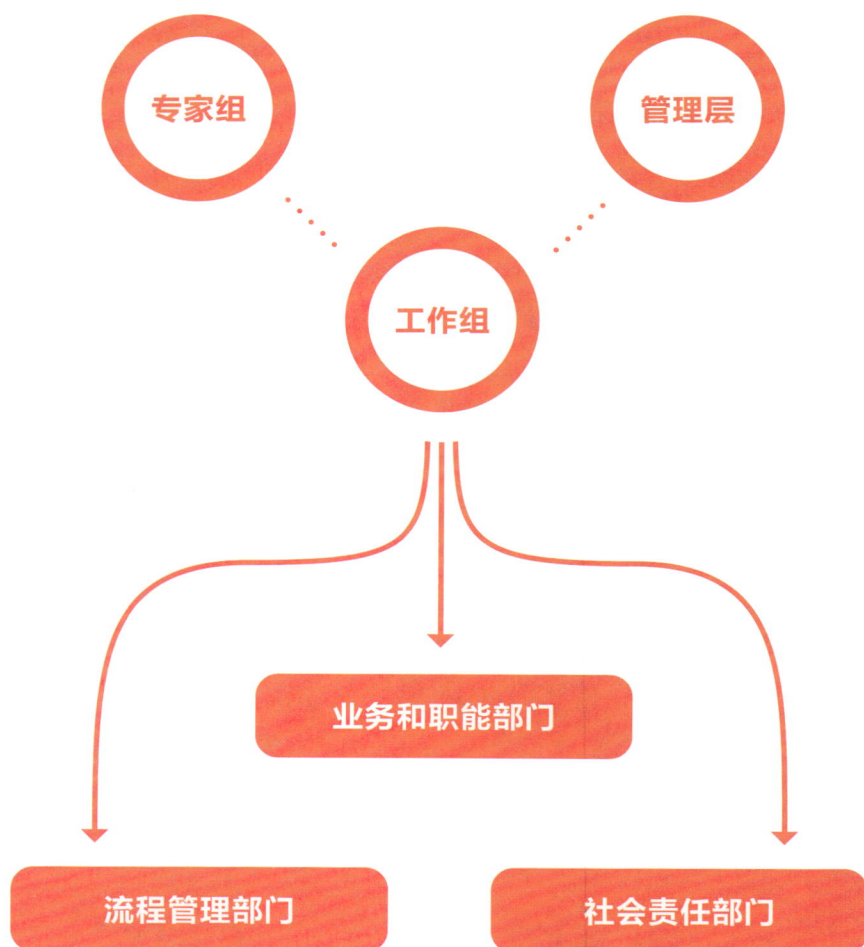

管理层

社会责任融入流程管理是一项系统工程，需要得到企业高层领导的高度重视和全力支持，才能让社会责任真正融入了流程，让流程改进落到实处。在推进机制上，首先需要成立由企业领导班子组成的社会责任融入流程管理的管理层，负责总体策划、监督、把控，提供全面支持。

工作组

社会责任融入流程管理是一项跨部门、跨领域的工作，需要从流程管理部门、各个业务部门和职能部门、社会责任部门中抽调人员组建工作组，负责具体的社会责任融入流程管理工作的执行。

专家组

社会责任融入流程管理也是一项全新的管理工作，有必要借助外部咨询专家，包括社会责任领域的专家、流程管理领域的专家，共同为工作开展提供培训、研讨，协助工作组掌握流程理念、流程方法，指导社会责任融入流程管理工作的具体执行。

推进方式

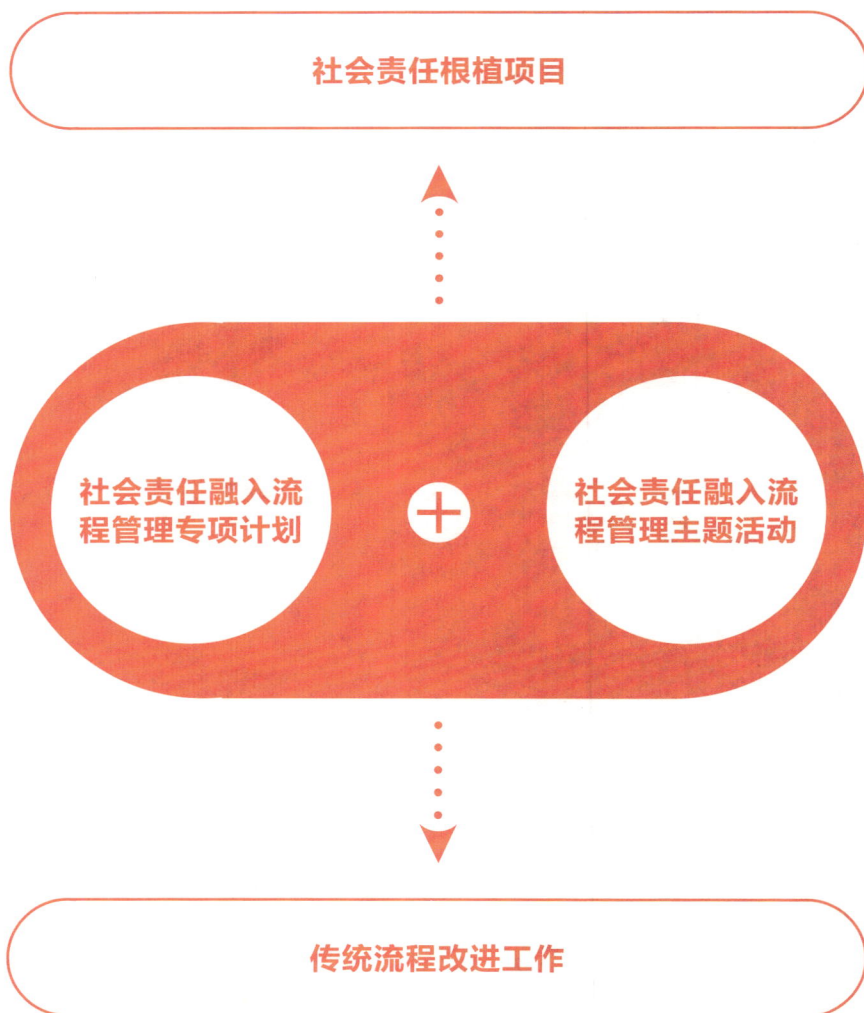

社会责任根植项目

社会责任融入流
程管理专项计划

＋

社会责任融入流
程管理主题活动

传统流程改进工作

社会责任融入流程管理专项计划

工作组制定社会责任融入流程管理专项计划，从前期工作中筛选的重点流程，通过定级确定流程改进的优先序，制定出流程优化改进的近期、中期和远期清单，从企业整体层面，逐步、系统、全面推进社会责任融入流程管理。

社会责任融入流程管理主题活动

为提高社会责任融入流程管理的影响力、知名度和执行力，可每年围绕某一个优化目标或社会责任主题，逐年推出类似"最多跑一次""透明电网""零废弃"等流程改进的主题活动，尝试从一个一个的理念入手实现对流程的优化改进。

与企业传统流程改进工作相结合

结合企业常规的流程管理工作，将社会责任融入流程管理的理念、方法和工具应用到传统的流程改进工作中，同步推进、同步实施，给传统流程改进工作带去全新的视角、创新的思维方法，更好地促成流程优化。

与社会责任根植项目相结合

结合供电企业每年开展社会责任根植项目的契机，着眼于流程中的社会问题与价值发现，选择相关的议题立项、策划并实施，在项目推进过程中，根植社会责任理念方法，以项目制的形式推进流程的优化改进。

能力建设

社会责任理念培训与宣贯

要将社会责任更好地融入流程，首先需要提升居于流程一线的工作人员对于社会
责任理念的充分认识，通过集中授课、小组研讨、在线学习、情景式培训等多种
方式，让一线工作人员了解什么是社会责任，社会责任的理念方法有哪些，如何
在日常工作中应用这些理念和方法等。

集中授课　集中安排一线员工，邀请外部社会责任领域专家对社会责任理念方法和落地案例进行全面系统地讲解。

小组培训　针对具体需要优化改进的流程，可以分小组安排相应的工作人员，由外部专家引导，有针对性地对流程的优化改进思路进行面对面沟通与头脑风暴。

在线学习　将开发的社会责任融入流程管理的方法、工具和案例上传为线上资源，供更广大员工在日常工作中进行参阅。

情景式培训　针对具体的流程，用场景模拟、真人表演等方式寻找流程中的问题，加深员工对流程优化改进的切身体验和认知。

社会责任融入流程管理案例开发

结合社会责任根植项目、社会责任融入流程管理手册编制及今后的社会责任融入流程管理工作开展，持续收集、整理典型经验和实践案例，开发社会责任融入流程管理的最佳实践，发给流程一线的工作人员学习借鉴。

实践交流与成果推广

组织系统内外的经验交流，将社会责任融入流程管理的模式做成企业在全面社会责任管理的一个亮点，在供电企业中推广应用。

实践与案例

社会责任融入
业务流程

社会责任融入
管理流程

社会责任融入业务流程

待优化改进的重点流程

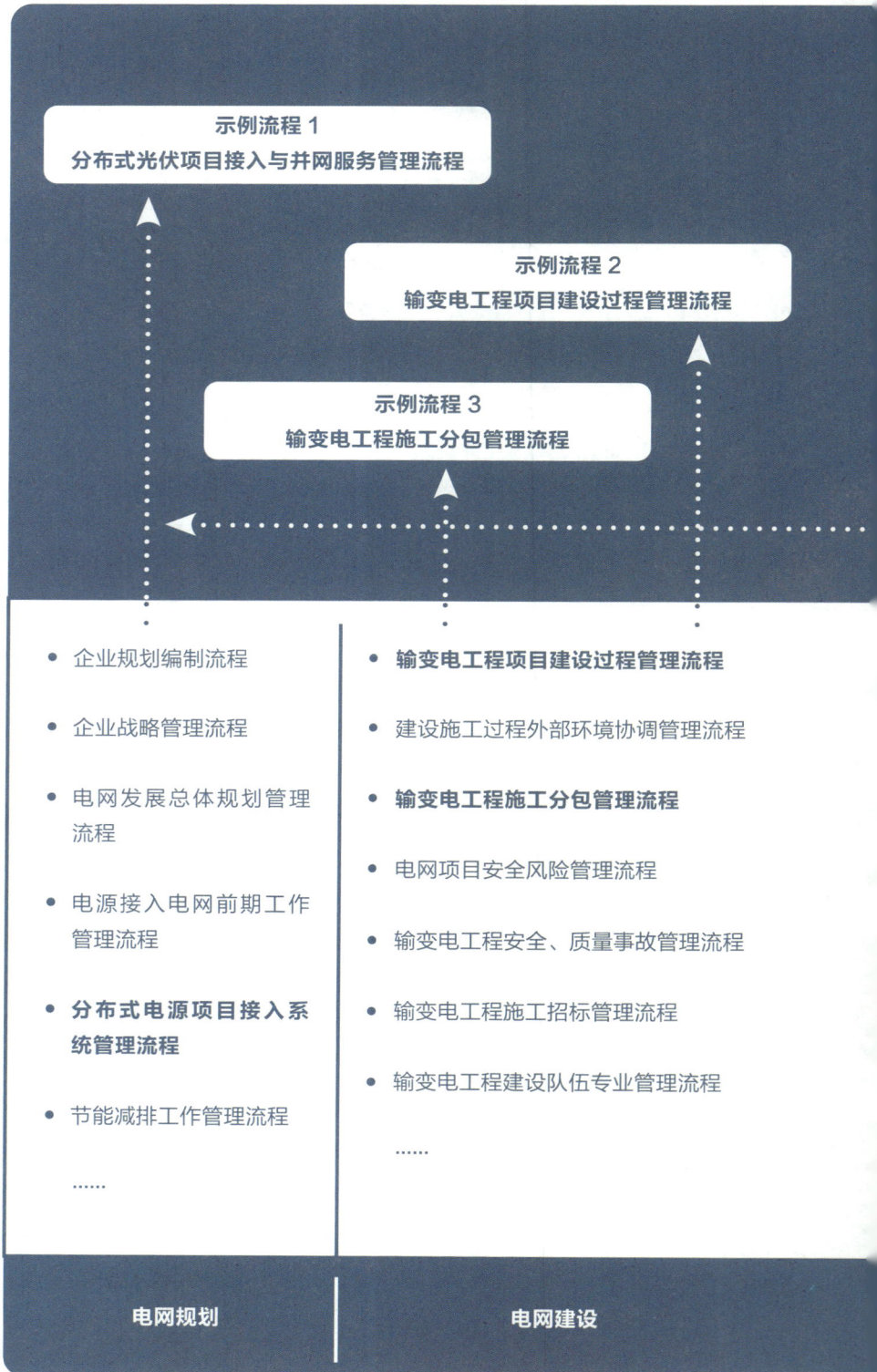

示例流程 1
分布式光伏项目接入与并网服务管理流程

示例流程 2
输变电工程项目建设过程管理流程

示例流程 3
输变电工程施工分包管理流程

- 企业规划编制流程
- 企业战略管理流程
- 电网发展总体规划管理流程
- 电源接入电网前期工作管理流程
- **分布式电源项目接入系统管理流程**
- 节能减排工作管理流程
  ......

- **输变电工程项目建设过程管理流程**
- 建设施工过程外部环境协调管理流程
- **输变电工程施工分包管理流程**
- 电网项目安全风险管理流程
- 输变电工程安全、质量事故管理流程
- 输变电工程施工招标管理流程
- 输变电工程建设队伍专业管理流程
  ......

电网规划   电网建设

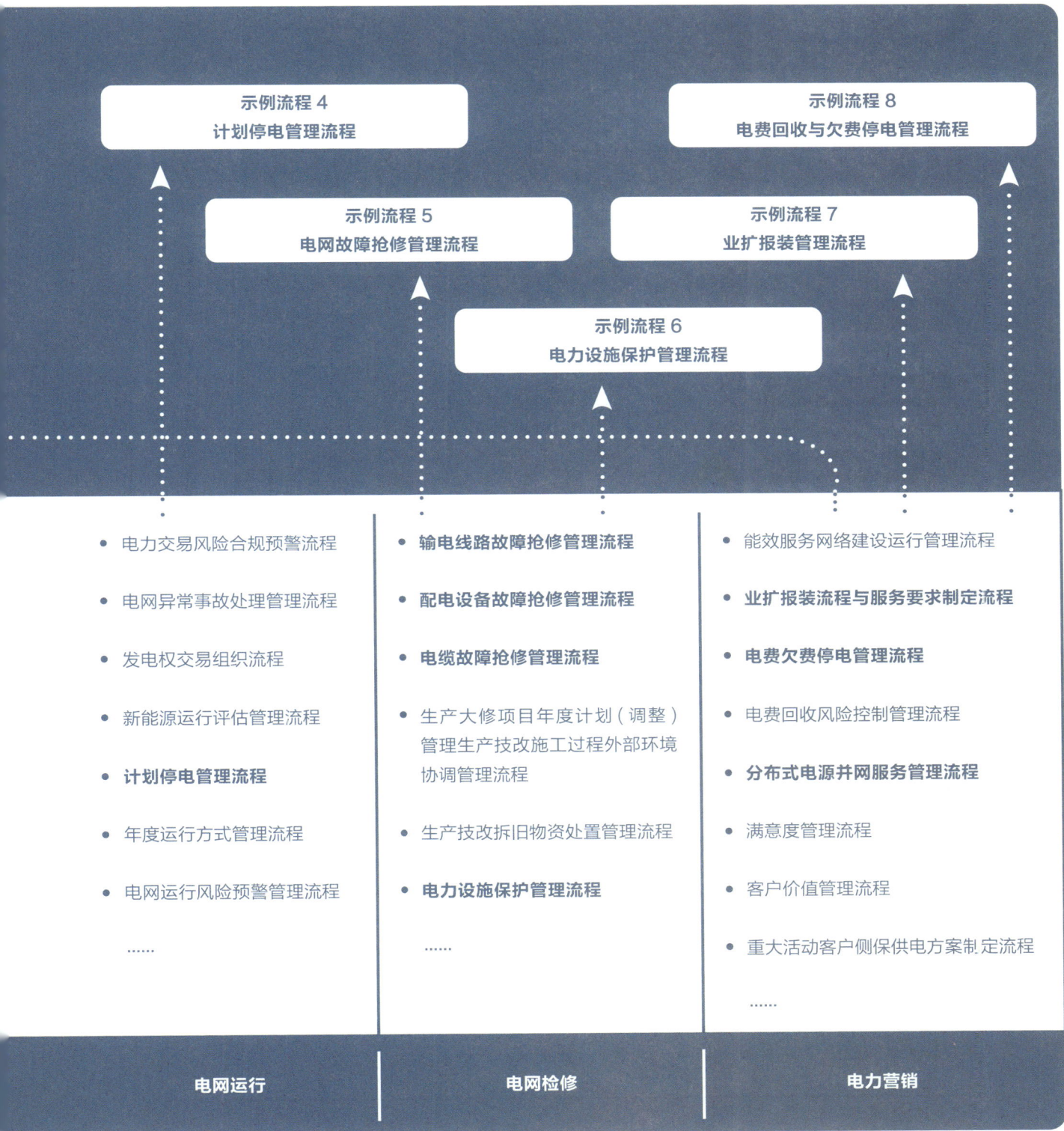

示例流程 4 计划停电管理流程		**示例流程 8** 电费回收与欠费停电管理流程
示例流程 5 电网故障抢修管理流程		**示例流程 7** 业扩报装管理流程
	示例流程 6 电力设施保护管理流程	

- 电力交易风险合规预警流程
- 电网异常事故处理管理流程
- 发电权交易组织流程
- 新能源运行评估管理流程
- **计划停电管理流程**
- 年度运行方式管理流程
- 电网运行风险预警管理流程

......

- **输电线路故障抢修管理流程**
- **配电设备故障抢修管理流程**
- **电缆故障抢修管理流程**
- 生产大修项目年度计划（调整）管理生产技改施工过程外部环境协调管理流程
- 生产技改拆旧物资处置管理流程
- **电力设施保护管理流程**

......

- 能效服务网络建设运行管理流程
- **业扩报装流程与服务要求制定流程**
- **电费欠费停电管理流程**
- 电费回收风险控制管理流程
- **分布式电源并网服务管理流程**
- 满意度管理流程
- 客户价值管理流程
- 重大活动客户侧保供电方案制定流程

......

电网运行	电网检修	电力营销

示例流程 1

分布式光伏项目接入与并网服务管理流程

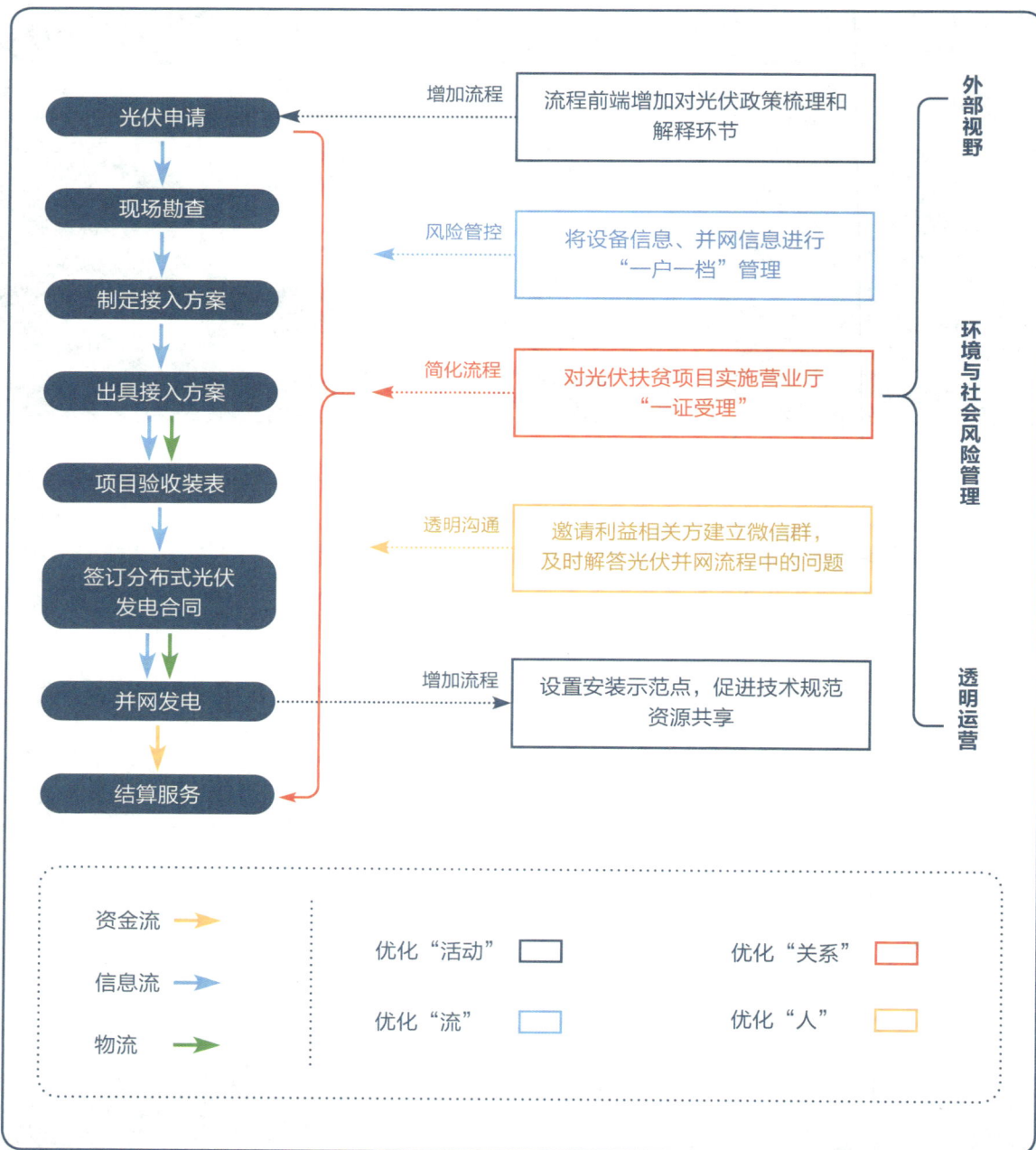

流程步骤		说明
光伏申请	增加流程	流程前端增加对光伏政策梳理和解释环节
现场勘查	风险管控	将设备信息、并网信息进行"一户一档"管理
制定接入方案		
出具接入方案	简化流程	对光伏扶贫项目实施营业厅"一证受理"
项目验收装表		
签订分布式光伏发电合同	透明沟通	邀请利益相关方建立微信群，及时解答光伏并网流程中的问题
并网发电	增加流程	设置安装示范点，促进技术规范资源共享
结算服务		

外部视野

环境与社会风险管理

透明运营

图例

- 资金流 →
- 信息流 →
- 物流 →

- 优化"活动" ▢
- 优化"流" ▢
- 优化"关系" ▢
- 优化"人" ▢

流程描述

分布式光伏项目接入与并网申请的客户包括企业客户和居民客户，并网的项目也分为高压并网和低压并网。客户类别和电压等级的不同，其流程都会有所不同。选取最近几年呈爆发式增长的居民客户低压并网项目的管理流程进行优化改进。

光伏申请	客户通过营业厅或线上渠道进行光伏业务报装申请，市级供电企业市场及大客户服务室或县级供电企业营销部指派客户经理
现场勘查	市县级供电企业客户经理将并网申请发至经研所，安排现场勘查
制定接入方案	经研所根据现场勘查结果制定接入方案
出具接入方案	客户经理向客户出具接入系统方案及接入系统方案确认单
项目验收及装表	客户向所属辖区供电企业营业厅申请验收，并提供所需资料；客户经理负责安排表计安装，并组织相关人员进行验收，现场检查汇总所有问题出具整改报告；客户完成所有整改后，进行复验收，待验收合格后，出具验收合格报告单
签订分布式光伏发电合同	客户凭验收合格报告到项目所属地供电企业营销部签订发用电合同
并网发电	客户拿到验收合格报告单后，按照计划进行并网发电
结算服务	并网发电后，为客户办理电费和补贴资金结算

流程问题

申请阶段缺乏充分沟通，公众理解存在偏差导致后期不满

社会公众对光伏发电项目的发展认识模糊，在对国家政策了解不足、收益有误解的情况下，盲目跟风安装，引起后期不满，导致投诉率上升。

接入过程涉及的标准及流程不清，项目并网及结算周期过长

光伏项目的"爆发"催生安装公司的兴起，但安装标准不统一，且员工多为兼职，技术不纯熟，造成安装不规范。客户要与发展改革委、经信委、科技局、厂家、供电等部门单位打交道，提交资料纷繁，周期过长，与安装预期有所差距。

光伏并网之后设备问题偶发，各方后期运维职责不清

随着分布式光伏项目并网年限增加，光伏设备出现不同类别的问题，而供电企业、安装公司、光伏设备生产商后期维护职责不明确，客户不知道该去找谁维护设备，可能引发分布式光伏设备"弃管"问题。

融入理念

融入外部视野，有效识别诉求与资源

分布式光伏产业涉及众多利益相关方，包括政府、客户、光伏板生产厂、安装公司等，在分布式光伏并网管理流程中，需要梳理各方的诉求及资源优势，增强利益相关方参与度，合理利用各方资源优势，突破工作瓶颈，优化工作流程。

融入环境与社会风险管理方法，厘清后期运维责任边界

正确认识、预防和化解项目运行全生命周期过程中的潜在风险，厘清各方在后期运维问题上的责任边界，最大限度地增加积极影响、减少消极影响，有效防范分布式光伏后期"弃管"问题。

融入透明运营理念，引导社会各界理性投资

对分布式光伏项目进行全过程、多角度的宣传传播，提升分布式光伏产业全生命周期发展各个环节的透明度，对增进各利益相关方的价值认同、提升供电企业品牌形象具有重要意义。

流程优化方案

活动

提前介入，加强沟通

在流程前端增加对光伏政策的梳理和解释环节，最大程度降低客户对光伏项目的误解，为客户提供全面、准确的政策支持。

规范技术，资源共享

在部分供电所、扶贫点创新安装示范项目，组织安装公司工作人员现场参观、进行技术和标准讲解，统一分布式光伏安装的规范性和统一性。

关系

整合资源，优化流程

简化项目受理流程，精简并网手续，对光伏扶贫项目实施营业厅"一证受理"，代客户办理项目备案、开票结算、补贴申报、并网服务，为光伏发电项目业主提供便捷高效的优质服务（**参考案例：分布式光伏扶贫并网服务的精准渗透**）。

流

风险管控，保障运维

将客户的设备信息、并网信息进行"一户一档"管理，推动设备运维的市场化运作，全力保障光伏项目并网后的可持续运维。

人

透明管理，实时答疑

针对利益相关方偶发性的光伏发电项目问题，邀请各利益相关方，建立供电服务微信群，及时解答光伏发电项目从申请到安装再到结算的各类问题。

执行案例

分布式光伏扶贫并网服务的精准渗透

2014 年 10 月，国家能源局、国务院扶贫办联合印发《关于组织开展光伏扶贫工程试点工作的通知》，安徽省六安市金寨县则被列入首批试点县。但是光伏项目的大规模接入对贫困地区的农村配电网带来巨大冲击。为积极配合当地政府的光伏扶贫工作，国网安徽省电力有限公司六安市供电公司从社会责任根植的工作思路出发，将精准渗透作为化解这一迫切需求的出发点和立足点，确保光伏扶贫项目的科学接入，以及与地区电网的协调发展。

深入摸排、确定接入规模
根据当地政府建档立卡贫困人口信息及政府扶贫计划，深入农户开展配电网现状调研，准确测算接入需求规模，准确编制配电网建改规划和光伏扶贫实施计划。

编制分布式电源接入规划
根据"十三五"配电网规划，结合光伏扶贫计划，按照终期（2020 年）全部完成光伏扶贫工作任务，配合政府编制分布式电源接入规划。

制定因地制宜的接入方案
一是接入前，积极应对，有效安排；二是接入中，主动参与，合理布置；三是接入后，履行责任，做好服务。会同市县扶贫办和施工单位开展"回头看"工作，及时将电网发展调整方案纳入电网规划滚动修编成果之中，积极为下一步继续大量的分布式光伏接入，提前创造条件。

简化业务流程，提高并网效率
为扶贫项目开辟"绿色通道"，安排专职客户经理"一口对外"，为业主提供业务受理、政策咨询和技术指导的便捷服务；实施并网批量报装，缩短业务报装时限；对于低压并网户接入方案以工单流转审查的方式代替会议评审，减少了方案评审时间。

强化客户端安全用电管控
建立健全分布式光伏并网用户档案，编制张贴"分布式电源接入""并网电源，当心触电"等安全警示牌。统一规范发电并网表箱设计，在客户发电并网表箱中加装失压跳闸装置，实现电网检修时自动断开光伏电源等功能，为现场作业人员提供了人身安全保障。

融入社会责任理念之前	融入社会责任理念之后
光伏项目的大规模接入对贫困地区的农村配电网带来巨大冲击。	不仅实现全县贫困家庭增收，也更好地提升了贫困山区优质供电服务能力。

输变电工程项目建设过程管理流程

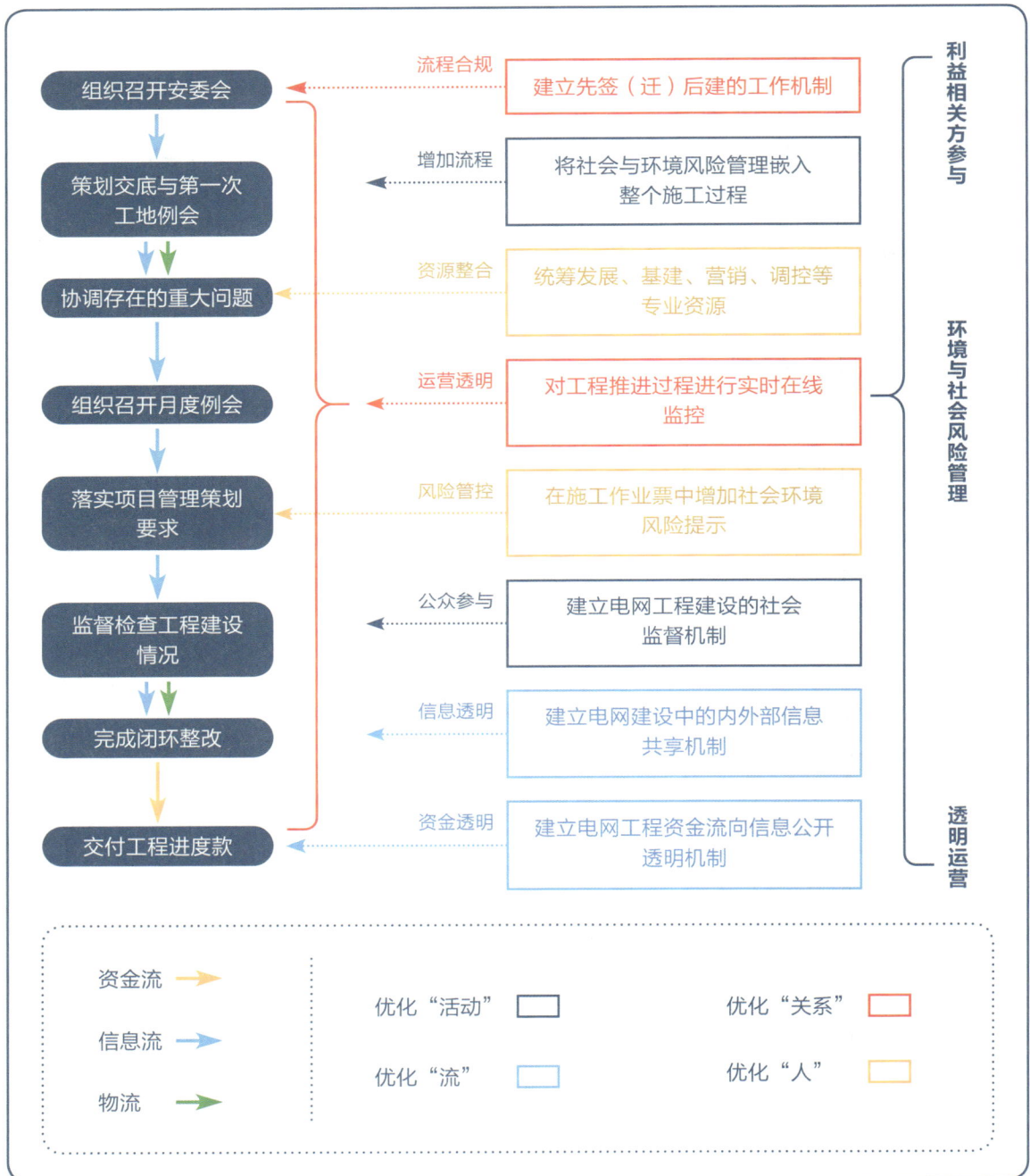

组织召开安委会

流程合规 ← 建立先签（迁）后建的工作机制

策划交底与第一次
工地例会

增加流程 ← 将社会与环境风险管理嵌入
整个施工过程

协调存在的重大问题

资源整合 → 统筹发展、基建、营销、调控等
专业资源

组织召开月度例会

运营透明 ← 对工程推进过程进行实时在线
监控

落实项目管理策划
要求

风险管控 → 在施工作业票中增加社会环境
风险提示

监督检查工程建设
情况

公众参与 ← 建立电网工程建设的社会
监督机制

完成闭环整改

信息透明 ← 建立电网建设中的内外部信息
共享机制

交付工程进度款

资金透明 ← 建立电网工程资金流向信息公开
透明机制

利益相关方参与

环境与社会风险管理

透明运营

资金流 →

信息流 →

物流 →

优化"活动" ▭

优化"流" ▭

优化"关系" ▭

优化"人" ▭

流程描述

本流程描述了工程建设从批复开工报告起至工程竣工启动的建设过程管理的全过程。

组织召开安全生产委员会（简称安委会）全体会议	由基建部门项目管理处或项目管理中心组织，各参建单位参加会议
组织项目管理策划交底和第一次工地例会	由基建部门项目管理处或项目管理中心组织，各参建单位参加，明确项目进度、安全、质量、技术、造价管理的具体目标、措施、要求
协调工程建设存在的重大问题	基建部门建设部负责及时协调业主项目部提交的进度计划、设计变更及建设外部协调问题
组织召开月度例会	由基建部门项目管理处或项目管理中心组织，检查月度计划落实情况，协调存在的问题，如物资供应、施工停电等，并下达月度计划；各参建单位参加会议，负责汇报计划执行情况，及时反馈存在的问题
落实项目管理策划要求	各参建单位在工程建设中全面落实各项策划目标、措施、要求；设计单位按计划提交图纸，施工单位按计划施工，监理单位做好现场安全管控和质量验收，质监机构负责各阶段质量监督
监督检查工程建设情况	由基建部门项目管理处或项目管理中心负责监督检查工程建设情况
完成闭环整改	各参建单位负责完成闭环整改
交付工程进度款	基建部门建设部负责汇总各业主项目部审核后的进度款支付申请，定期提交财务部进行资金支付

流程问题

基于 CSR 流程诊断清单的调查分析，输变电工程建设过程管理流程中，通常存在以下几点问题。

施工作业人员未能严格遵守流程制度，给工程建设带来质量和安全隐患

输变电工程建设是一项复杂的系统工程，涉及技术、质量、安全等诸多规范和要求，在整个管理流程中，如何将工程规范有效传递给施工作业人员，如何确保施工过程得到严格、准确的监督，对于防范工程质量和安全风险意义重大。

施工过程存在对社会与环境的负面影响，需要在流程中得到特殊的关注

输变电工程建设可能会跨越环境敏感区，可能会因为施工的原因造成停电，可能在运输大件设备或管线开挖过程中给其他设施设备造成损害，可能带来扬尘、噪声等诸多环境影响，有必要在现有的管理流程中增设对社会与环境风险的专项管理，以提前预判和预防有关问题的发生。

施工过程的利益相关方沟通管理有待结构化、系统化

输变电工程建设涉及业主、施工单位、监理单位、地方政府、沿线居民、媒体等诸多利益相关方，能否在施工过程的各环节与各利益相关方开展顺畅及时的沟通对保证施工工期和品质有着决定性的意义。有必要建立更加系统化的利益相关方沟通体系，加强建设过程的透明和开放。

工程资金管理欠透明带来一定的合规风险

在以往的工程资金管理过程中，单从供电企业一方的经营活动进行分析和管控，忽视了施工单位、施工作业人员、监理单位等利益相关方的影响因素，缺乏针对资金流向的信息公开机制，导致供电企业、施工单位和施工作业人员三方无法及时掌握资金拨付、使用进度，极易产生施工单位收到款项却拖欠工资、施工作业人员讨薪等问题，进而给供电企业带来合规风险。

融入理念

融入社会与环境风险管理，最小化工程建设的负面影响

输变电工程建设是电网企业运营过程中活动内容最复杂、社会接口最多、牵涉利益相关方最广泛的流程环节，必须要充分融入社会与环境风险管理的理念、方法和工具，从流程的各环节、各维度、各要素中优化现有的工作模式，最大程度降低电网建设的风险和社会影响。

融入透明运营，解决基建管理中的封闭和信息不对称

将"透明度管理"引入电网建设管理过程，依托智慧管控平台，加强人员智慧管理，改变以往基建管理中存在的信息孤岛、信息滞后、缺乏群众监督机制等问题，促进基建过程的安全、质量和环境管理透明。

融入利益相关方参与，为电网建设创造和谐的社会环境

对于可能对外部造成负面影响的关键环节，如建设前的征地拆迁，建设中的施工开挖，建设后的评估验收，都需要流程中直接受影响的利益相关方得到充分的知情、表达和参与权，在整合多方信息和诉求的基础上开展建设，为电网工程建设铺平舆论道路，创造和谐氛围。

流程优化方案

活动

建立对施工过程社会与环境风险的专项管理,并嵌入在整个施工过程中,及时预防风险化解风险,必要时改变工作模式(**参见案例:把影响关在屋子里——"工厂化装配送"破解城镇配网施工难题**)。

做好电网建设中的公众参与,改变以往封闭的管理工作机制,促进基建过程的社会监督与开放运营。

关系

改变当前程序化的管控监理模式,对工程推进过程进行实时在线监控,确保利益各方信息、诉求能够实时交互,将安全、质量风险及时消除在萌芽状态。

建立先签(迁)后建的工作机制,确保在电网工程建设之前,有关土地征拆、通道清理的补偿工作都得到妥当处置,最大化减少施工过程的外部协调工作量。

流

建立电网工程资金流向信息公开透明机制与信息披露平台,建立供电企业、施工企业、施工作业人员、监理单位四方合作共管的资金流向信息披露管控模式。

建立电网建设中的内外部信息共享机制,确保施工沿线的环境敏感信息、施工工期与停电信息、施工沿线的设施设备信息得到同步的分享和应用。

人

在施工作业票中增加风险预警提示,提高施工作业人员的质量安全意识,尤其是对社会与环境风险的预防和管理能力。

统筹企业发展、基建、营销、调控、运检等专业资源,形成整体合力,及时协调解决电网前期、建设过程中出现的问题,有序推进电网建设。

执行案例

把影响关在屋子里——"工厂化装配送"破解城镇配网施工难题

浙江省嘉善县是全国唯一的县域科学发展示范点，伴随着社会经济的快速发展和城市建设的有机更新，以及政府对"美丽乡村""小城镇综合整治"等民生工程的推进，社会用电需求与日俱增，对供电企业配电网建设的质量、可靠性、美观和环保等提出了新的要求和挑战。

国网浙江电力嘉善县供电公司创造性地提出"搭积木"式的工厂化装配送理念，将工厂内流程转换为工厂外流程，极大地减少了传统配电网施工产生的环境影响与物料浪费，提高了文明施工水平。

融入社会责任理念之前	融入社会责任理念之后
传统配电网施工中，存在着诸多薄弱环节。 **经济方面：**工艺标准化程度低、工程质量难把关，容易产生施工停电时间长的问题。 **社会方面：**现场零星材料和工具较多，安全性和文明性存在隐患，且管道开挖易影响周边公共交通。 **环境方面：**施工物料浪费严重，现场废弃物及施工噪声对周围环境造成影响。	**综合考虑施工中对经济、社会、环境的影响，**创新提出"上天入地"的杆上与地下的工厂化装配送解决方案。通过"工厂化预制、成套化装配、智能化配送、标准化施工、信息化管理"五个主要环节，把以往的现场作业搬到工厂里，现场实现"搭积木"式电气及土建预制品拼接安装，实现经济、社会、环境的综合效益最大化。

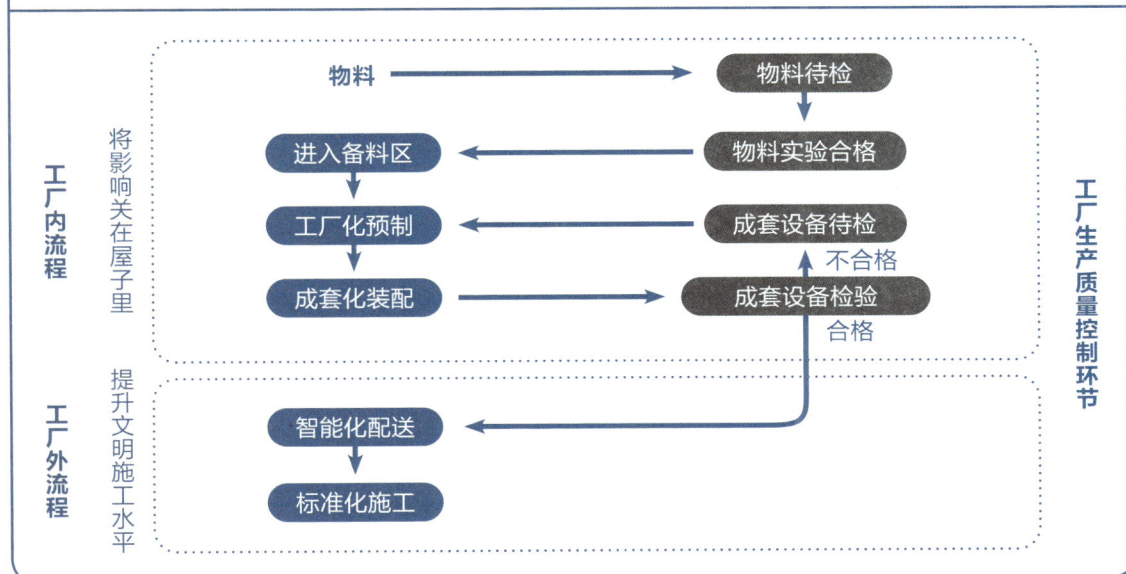

示例流程 3

输变电工程施工分包管理流程

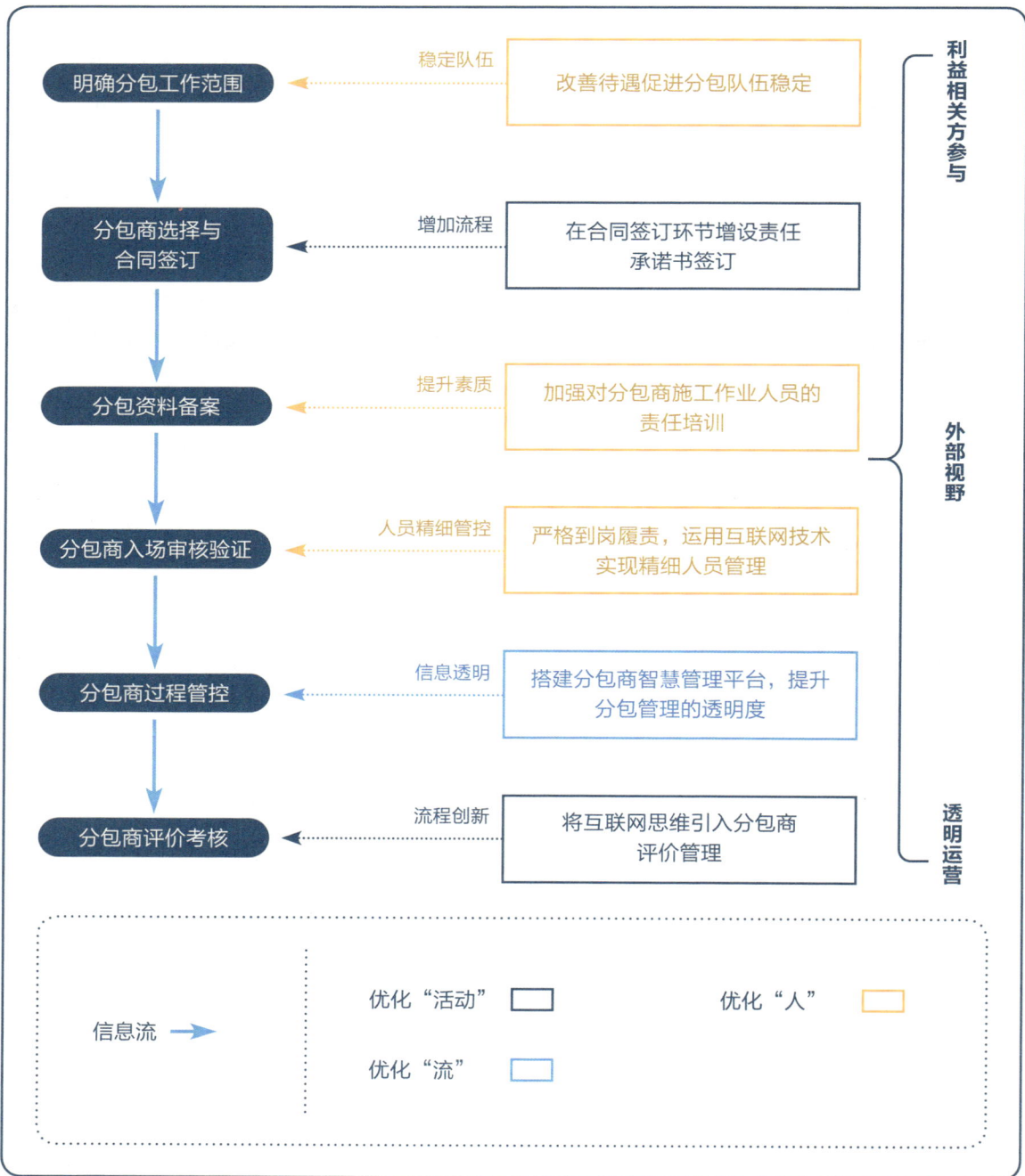

流程节点	关键词	优化措施	视野
明确分包工作范围	稳定队伍	改善待遇促进分包队伍稳定	利益相关方参与
分包商选择与合同签订	增加流程	在合同签订环节增设责任承诺书签订	
分包资料备案	提升素质	加强对分包商施工作业人员的责任培训	外部视野
分包商入场审核验证	人员精细管控	严格到岗履责，运用互联网技术实现精细人员管理	
分包商过程管控	信息透明	搭建分包商智慧管理平台，提升分包管理的透明度	
分包商评价考核	流程创新	将互联网思维引入分包商评价管理	透明运营

信息流 →　　优化"活动" ☐　　优化"人" ☐

优化"流" ☐

流程描述

本流程描述了输变电工程施工分包商选择至审查核对和评价考核的管理内容，明确了电网工程建设中各部门针对分包商管理的相关流程、职责。

明确分包工作范围	工程项目开工报审前，施工项目部在建设管理工程项目的施工合同中应明确允许分包的工作范围，明确分包计划、管理要求、奖惩措施，并组织制定工程分包合同参考文本
分包商选择	配合施工单位根据施工分包计划，在备选分包商名录中依照"公开、公平、公正"的原则择优确定施工分包商，签订工程分包合同
分包资料备案	签订施工分包合同和安全协议，将分包单位资格、工程分包合同等相关资料一并上报业主项目部和监理项目部备案
分包商入场审核验证	施工项目部对进场的施工分包商进行入场检查和验证，建立分包商进场人员名册，并向监理项目部提出入场申请；监理项目部对照施工项目部报审的分包合同、安全协议及分包商资质、入场主要人员资格、机械工器具等进行验证
分包商过程管控	开展分包过程管控，监督管控现场分包作业，及时查处和纠正施工、监理项目部分包管理问题，确保分包工程安全、质量、进度和造价全面受控
分包商评价考核	施工承包商对分包商月度过程管理评价打分，监理项目部复核，业主项目部核实并汇总，将评分结果和评价意见逐级上报至国家电网有限公司基建部，定期发布分包商及项目经理评价结果，并报备和发布不良供应商名单

流程问题

人员流动性高给工程的保质按期完成带来困扰

基建项目的施工分包队伍大部分以农民工为主体，人员流动性较高，存在不按规定到场履责、人员冒名顶替、作业范围擅自更改等风险。如何确保施工队伍的稳定性，减少人员的流动，如何确保施工人员的资质得到及时有效的审查，施工队伍的技术技能得到有效的保证和传承，是输变电工程施工分包管理中的难点问题。

施工人员的社会责任意识有待提升

输变电工程建设过程有可能给周边住户、厂商带去临时停电、运输扬尘、踩踏农田、噪声等影响，施工作业人员自身的安全意识、责任意识直接影响着电网工程建设的品质和口碑。由于施工作业人员流动性较大，很少接受社会责任理念的宣贯，还没有将利益相关方、外部视野等思维落实到工作中。

进场审查程序复杂，重复性工作量大

在分包商资质管理程序中有大量重复性工作，需要分包商在招投标、施工进场、办工作票等不同时间段反复进行资质资料盖章、提交、审查的流程，给分包商增添额外的工作量，也给工程进度带来一定的影响。

传统的现场管控方法存在信息滞后的问题

基建工程传统的安全质量验证方式是需要现场验证，通过查勘现场获取相关信息，但由于工程施工的持续性及安全质量隐患发生的不定时性，导致传统的现场验证方式会造成现场管理的滞后性。

合作有期限与责任无期限之间的矛盾难题

在传统的分包商管理程序中，仅靠合同条款对分包商进行约束的方式，无法从根本上保障农民工的权利，施工合同是以项目实施时间为界限，一旦项目结束，对分包商的行为就失去约束力，但是即便是合同期外，农民工权益如果没有得到保障，都会间接影响到电网企业的声誉。

融入理念

融入外部视野，延伸分包商管理责任边界

供电企业的工程分包涉及施工单位、分包商管理人员、施工作业人员（农民工）等多个圈层的利益相关方，对于供电企业而言，需要具备外部视野，将管理的责任边界延伸至分包商所管辖的施工作业人员，管理的范畴从仅仅完成施工合同延伸到确保项目的各利益相关方权益得到充分保障，以确保电网工程建设的优质、高效与顺畅。

融入透明运营，充分降低电网建设风险

电网基建工程的管理涉及业主、施工单位、监理等多个主体，存在对工程的监督检查力度、进度不一，信息不对称、不及时等诸多问题，管理容易出现漏洞。需要引入透明运营的理念，最大化提升分包工程建设中的人员、信息、进度、现场状况的透明化，及时掌握并化解存在的风险。

融入利益相关方参与，平衡多方诉求

在分包商选择、分包施工的过程管控、分包商评价等诸多环节，有必要引入利益相关方参与，听取包括业主、监理、农民工、周边居民等在内的多个利益相关方的意见，平衡多方诉求，保障施工分包管理的公开、透明与和谐。

流程优化方案

活动

与分包商合同签订环节增设承诺书签订

要求分包商管理者签订承诺书，保障在收到工程结算款后既定日期内足额发放农民工薪资，对不履行承诺的分包商，将永久加入企业施工黑名单。

将互联网思维引入分包商评价管理

搭建基于互联网的分包商评价平台，给予施工单位、分包商、农民工三方互评互选的权力，实现多方互促共赢的良性生态（**参见案例：联合构建分包商管理模式，实现分包商的"大众点评"**）。

流

提升分包管理的透明度

搭建分包商智慧管理平台，确保分包任务执行全过程人员名录、资金拨付、建设进度、施工质量等信息对利益相关方公开透明，所有流程每个节点的参与人员都能看到流程的进度、掌握流程的全部信息，便于及时沟通、提升流程的执行效率。

人

改善待遇促进分包队伍稳定

推动分包商改善工地临时生活配套设施，完善文体等活动场所的配套，组织生动活泼、形式多样的业余文化活动，提高农民工素质修养，增进归属感，减少人员流失。

加强对分包商施工作业人员的全面培训

对其发放施工现场安全告知书，告知其如何注意电网建设过程中的危险点和社会与环境风险点；提供相关培训课程，引导专业人员对施工人员进行培训，提高工作技能；组织学习道德规范、文明施工、社会责任等知识。

严格到岗履责，实现精细人员管理

运用二维码扫描及人脸识别技术，验证现场到位人员身份的唯一性；设定工序电子围栏，提供工序的作业地点,实现作业人员运动轨迹监督;实现三方精益化人员管理和互相监督提醒。

执行案例

联合构建分包商管理模式，实现分包商的"大众点评"

当前时期的电网发展正处在从高速度建设转变为高质量建设的转型期，农民工队伍的素质、团队的稳定性极大地影响着整个电网的安全可靠和供电企业的品牌形象。作为用工单位的国网上海市电力公司，通过近几年的实践调研发现，农民工在分包商的管理体系中处于被动、弱势的地位，其权益和诉求缺乏一个公开、透明的渠道进行表达，从而带来人员流动性过高、社会维稳风险压力大等问题，影响电网工程的高质量建设。

国网上海电力引入外部视野、透明运营、利益相关方参与等社会责任理念，搭建具有互联网效益的评价平台。该平台包括分包商评价、施工单位评价及农民工评价，任意一方可根据实际工作中的问题对另外两方进行评价。结合多方共同制定的实践培育与管理标准，对分包商的评价指标包括福利薪酬、生活情况、安全培训、专业指导等，对施工单位评价指标包括管理能力、施工强度、安全培训、技能培训与发展支持等，对农民工评价指标为技术能力、安全守则情况、工龄等。该平台可由用户在线进行选择，如分包商在线选择农民工，施工单位在线选择分包商，也可逆向选择，如农民工选择合适的分包商，分包商竞标施工单位项目等。

利用这个平台，可以有效整合现有的社会资源，同时通过评价系统，一目了然知道企业、个人的情况，对于一些评价较差的，还可进行拉黑处理。实现可视化的三方权益保障平台，形成真正的"大众点评"。

融入社会责任理念之前	融入社会责任理念之后
只注重构建农民工保障体系	打造农民工、分包商、施工企业三位一体的协同合作体系
以往仅注重农民工福利薪酬和职业安全等基本保障和专业技术要求等法律法规责任	增加农民工对职业发展和城市融入等心理需求的回应，以人为本，提升对农民工专业能力、未来发展、职业健康安全和综合素质提升等方面的培养
农民工只能被分包商选择，分包商只能被施工单位选择	**整合平台实现双向选择：**如分包商在线选择农民工，施工单位在线选择分包商，也可逆向选择，如农民工选择合适的分包商，分包商竞标施工单位项目

示例流程 4

计划停电管理流程

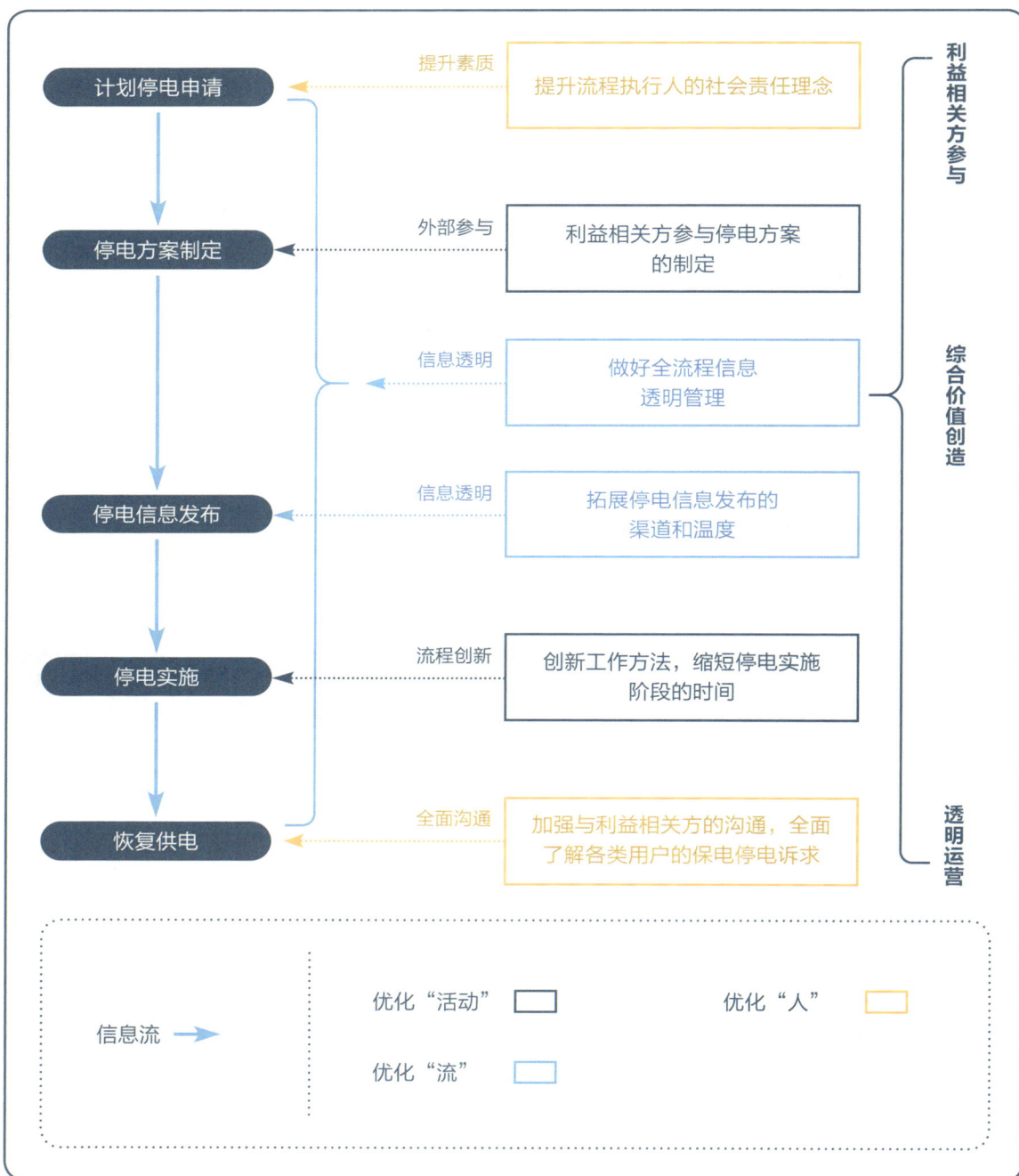

计划停电申请 ← 提升素质 ← 提升流程执行人的社会责任理念

停电方案制定 ← 外部参与 ← 利益相关方参与停电方案的制定

← 信息透明 ← 做好全流程信息透明管理

停电信息发布 ← 信息透明 ← 拓展停电信息发布的渠道和温度

停电实施 ← 流程创新 ← 创新工作方法，缩短停电实施阶段的时间

恢复供电 ← 全面沟通 ← 加强与利益相关方的沟通，全面了解各类用户的保电停电诉求

利益相关方参与

综合价值创造

透明运营

信息流 →

优化"活动" ☐

优化"人" ☐

优化"流" ☐

流程描述

本流程描述了计划停电方案从制定、发布到执行的管理过程、部门职责和实施程序，总体上包含以下五个环节。

计划停电申请	运检、基建、营销等各部门结合大修、技改、基建施工或配合外部建设需要，向调控中心提交计划停电申请，包括停电时间、停电范围等信息
停电方案制定	调控中心综合各部门提交的停电需求，召开停电计划会商和平衡会，进行技术评估、风险分析与时间平衡，制订相应的年度、月度与日前停电计划
停电信息发布	利用广播、电视、报纸和新媒体等各类平台向社会发布停电计划，对受影响的重要用户专程发布停电告知，确保用户提前安排生产与生活，减缓停电带来的影响
停电实施	调控部门根据日前停电计划方案，在充分告知停电信息的基础上，根据相应的时间、范围合理安排停电
恢复供电	根据停电方案，结合大修、技改、施工等工作的执行完成情况，及时恢复供电

流程问题

停电需求的申请更多是从供电企业内部出发，缺乏外部视野

各部门在提出计划停电申请时，更多是从供电企业自身的运检、建设出发，未能及时准确掌握政府、社区等重要活动事项安排和企业重要生产计划，对各利益相关方的用电需求考虑不够充分，有可能给利益相关方造成较大的负面影响。

停电方案制定环节利益相关方参与不足，难以最大化创造综合价值

停电方案的制定更多是基于供电企业内部的相关部门，缺乏重要利益相关方的参与，未能统筹平衡各方需求，可能导致重复停电或在一定时间内对同一群客户多次停电，或在客户重要的保电环节发生停电等问题，降低客户用电体验。

计划停电管理全过程透明运营的理念有待进一步深化

透明是最大化降低计划停电负面影响的重要手段。目前的透明运营理念更多停留在计划停电管理中的信息告知阶段，而不是全过程。事实上透明不仅仅是为了让客户及时了解停电信息降低损失，更要让客户理解停电、支持计划停电的安排，拉近客户与供电企业之间的关系，创造良好的营商环境。

融入理念

融入透明运营，争取利益相关方共识

改变传统停电管理停留在内部循环的模式，引入透明的理念，通过利益相关方分析，强化与利益相关方之间信息输出、输入的全过程透明，与利益相关方共享停电原因、方案影响因素等信息，保障利益相关方的知情权，促使利益相关方达成共识，赢得各方认同、支持和理解。

融入综合价值创造理念，实现多方共赢

在信息透明的基础上，供电企业积极转变视角，收集各利益相关方的实际诉求，平衡协调后确定综合价值最大化的计划停电策略。邀请利益相关方参与计划停电方案制定，不断修正完善共赢策略，挖掘利益相关方价值增量最大化。

融入利益相关方参与，降低停电的社会影响

重视利益相关方的参与及合作，在查找到共同利益增量的基础上，实现各利益相关方的紧密配合。政府、社区、企业主动提供重大活动事项和生产安排，社区、物业主动参与停电信息告知，社区、物业、媒体主动参与停电过程和进度披露，各利益相关方主动参与事后评估，帮助供电企业及时掌握诉求改进工作质量。

流程优化方案

活动

利益相关方参与停电方案的制定
邀请利益相关方观摩停电平衡会，让客户了解停电计划的制订原则及制订过程，并充分统筹利益相关方的用电需求，最大化降低停电的负面影响。

创新工作方法，缩短停电实施阶段的时间
通过技术、设备或管理模式的创新，尽可能减少因技改、检修或施工等原因造成的停电次数，缩短停电时间。

流

拓展停电信息发布的渠道
从以往单向的发布渠道向双向沟通渠道拓展，建立与重要客户的微信群，及时互动计划停电的信息。

做好全流程信息透明管理
从停电需求申请、方案制定、信息发布、停电实施和恢复供电的全过程策划相应的信息发布与沟通，保障整个停电实施过程的公开透明。

提升停电信息发布的温度
从单纯的通知停电时间、停电范围到增加停电期间如何防范风险的温馨小提示，传递给客户更具温度的停电信息。

人

提升流程执行人的社会责任理念
多站在外部利益相关方的立场了解计划停电的影响，从经济、社会、环境综合价值的视角统筹停电方案的制定（**执行案例：供电特殊需求表，让计划停电绕道而行**）。

加强与利益相关方的沟通
创新并拓展客户诉求收集方式，通过机构调研、座谈、客户经理定点沟通、微信公众平台等渠道，全面了解各类客户的保电停电诉求。

执行案例

供电特殊需求表，让计划停电绕道而行

从电网运行角度来看，计划停电是难以避免的工作，但是对于客户而言，总有一些特殊重要的时刻，停电可能造成的影响远远大过平时。为了最大化降低计划停电的负面影响，国网江苏电力建湖县供电公司积极与用户沟通，根据收集到的全年重大活动、重点客户需求等信息，制作了一份记录全年绝对不能实施停电检修日期的供电特殊需求表，让计划停电为特殊需求绕道而行。

国网江苏电力建湖县供电公司 2018 年检修计划日期供电特殊需求表

客户类型		区域／线路	包含客户	重要级别	不能安排停电的日期	原因
政府机关		10 千伏人民线	县政府、公安局等机关	非常重要	2 月 15 日	年终总结大会
				非常重要	7 月 13 日	年中动员大会
		10 千伏公安线	近湖乡政府、近湖派出所	较重要	4 月 16 日	县党代会
		10 千伏文体线	会展中心、文化艺术中心等	非常重要	2 月 16 日	年前表彰大会
				非常重要	5 月 4 日	五四青年节演出
				非常重要	3 月 28 日	县第十二届运动会
				非常重要	4 月 3 日	县文化艺术节开幕
		10 千伏森达线	县住建局等	较重要	5 月 20 日	党员集中培训
事业单位	医院	10 千伏苏源线	县第三人民医院	非常重要	每周三	仪器清洗消毒
	学校	10 千伏汇文线	县初级中学	非常重要	6 月 6—10 日、16—18 日	中高考
		10 千伏西苑线	县高级中学	非常重要	6 月 6—10 日、16—18 日	中高考
公共事业	自来水厂	10 千伏水厂线	县自来水厂	较重要	6 月 12 日	夏季水库质量检测
				较重要	12 月 5 日	冬季水库质量检测
	天然气厂	10 千伏龙湖线	建湖中石油昆仑燃气有限公司等	重要	3 月 18 日	燃气管道季度检测
				重要	6 月 14 日	燃气管道季度检测
				重要	9 月 6 日	燃气管道季度检测
				重要	12 月 8 日	燃气管道季度检测
工厂企业	化工厂	10 千伏永林线	永林油脂化工厂等	较重要	5 月 10 日	化工企业高峰
				较重要	11 月 8 日	化工企业高峰
		10 千伏建新线	江苏剑牌农药化工有限公司等	非常重要	每月 3 日	产品交货期
	机械加工厂	10 千伏华祥线	华祥机械制造有限公司等	较重要	每月 6 日	华瑞机械厂加工高峰
		10 千伏园区线	建湖县天一佳液压机械厂等	非常重要	每月 28 日	工厂开工生产高峰
		10 千伏民营线	建湖县祥瑞机械制造有限公司等	重要	11 月 11 日、12 月 12 日	电商双十一、双十二

示例流程 5

电网故障抢修管理流程

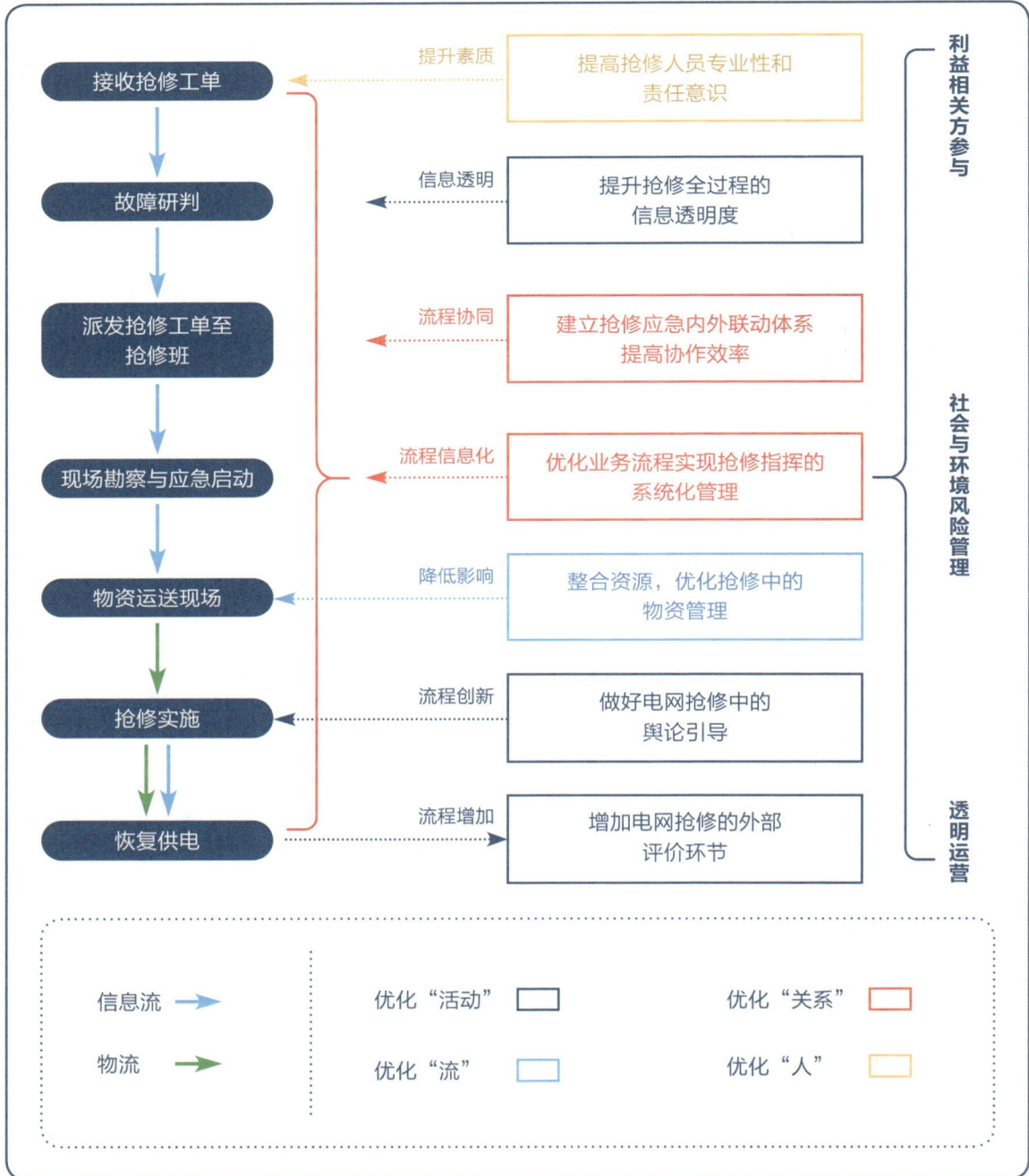

接收抢修工单 → 故障研判 → 派发抢修工单至抢修班 → 现场勘察与应急启动 → 物资运送现场 → 抢修实施 → 恢复供电

提升素质	提高抢修人员专业性和责任意识
信息透明	提升抢修全过程的信息透明度
流程协同	建立抢修应急内外联动体系提高协作效率
流程信息化	优化业务流程实现抢修指挥的系统化管理
降低影响	整合资源，优化抢修中的物资管理
流程创新	做好电网抢修中的舆论引导
流程增加	增加电网抢修的外部评价环节

利益相关方参与

社会与环境风险管理

透明运营

图例

| 信息流 → | 优化"活动" ▭ | 优化"关系" ▭ |
| 物流 → | 优化"流" ▭ | 优化"人" ▭ |

流程描述

接收抢修工单	地（市、州）供电公司电力调度控制中心及县级电力调度控制中心接收客户服务中心派发的抢修类工单
故障研判	配网抢修指挥人员根据报修信息，利用已接入的技术支持系统，对配网故障进行研判，将工单合并或派发至相应的抢修班组
派发抢修工单至抢修班	提交"95598 故障报修工单"，地、县级调度控制中心应及时处理客服中心下发的抢修类工单，并在接收到工单后 3 分钟内完成工单的派发
现场勘察与应急启动	运维人员到故障现场进行勘察，制定相应的抢修方案，启动应急响应，发布停电信息
物资运送现场	从应急仓库或物资厂家调拨运送物资到故障现场
抢修实施	抢修人员到达现场组织开展故障抢修工作
恢复供电	完成抢修并验收通过后，由调度恢复供电

流程问题

透明度不够，催单现象凸显

电力故障抢修过程中缺乏透明度管理，抢修服务信息滞后、抢修进展过程抢修人员的实时信息不透明，客户由于不能实时掌握抢修进度导致催单现象凸显、客户对抢修等待焦虑等问题。

流程欠灵活，影响抢修效率

抢修流程需要抢修组接到派单后先到现场勘察，再制定抢修方案，到物资部准备抢修物资，再拉到现场组织抢修。整个流程为串联关系，后一步必须要等到前一步完成才能进行，时间周期较长，影响了抢修复电的效率。

专业性不高，存在安全风险

尤其对于农村或偏远地区的故障抢修，以前往往由当地供电所自行组织抢修，人员力量薄弱，用未经过培训的民工或当地老弱的村民抬运大型电器设备存在安全风险，人员安全压力大。

参与性不足，资源协同性差

在供电企业内部，供电服务涉及营销、生产、调度等多个专业系统，但目前各业务系统之间尚不贯通支持，形成信息"孤岛"，难以支撑服务协同的需要；在外部，缺乏与客户、政府、公共服务企业的资源对接和协同联动机制，难以发挥各方资源优势。

融入理念

融入透明运营理念，让电网抢修被看见

电网抢修的效率、进度直接关系着客户的用电体验，电网抢修是需要被看见被感知的一项工作。融入透明运营理念，就是要改变以往电网抢修仅作为供电企业内部工作的思维，通过可视化、可追踪、主动沟通等手段，让客户充分了解电网抢修的全过程，及时获取停送电信息。

融入利益相关方参与，让电网抢修更高效

电网抢修涉及营销、运检、调度等多个部门，包含勘察、物资配备、运输、抢修多个环节，还牵涉客户、现场其他公共设施部门等多个利益相关方，需要充分整合各方资源，携手利益相关方建立联动、协同机制，提高电网抢修的效率。

融入社会与环境风险管理，让电网抢修更安全

电网抢修本身存在人员安全风险、发生二次故障、客户催单质疑等风险，需要融入社会与环境风险管理的方法，加强人员技能、安全意识培训，做好电力抢修现场安全管理，以及抢修过程的群众解释工作，让电网抢修更安全。

流程优化方案

活动

加强电网抢修的外部监督

增加电网抢修的外部评价环节，追踪客户或外部监督组对供电抢修现场操作的安全管理、复电速度、服务态度等评价，促进配网抢修现场规范、时间缩短、投诉减少。

做好电网抢修过程的舆论引导

让社会公众正确认识停电原因，潜移默化地接受电力设施保护、安全用电等知识理念，将原先简单的抢修业务过程，演变成展现企业责任作为的嵌入式品牌传播过程。

关系

流程合并优化提高效率

优化业务流程，将配电运维、95598 服务、配网抢修等技术技能人才配置到平台，提升内部业务运转效率，实现抢修指挥的系统化管理，有效提升配网抢修效率。

建立抢修应急联动体系

对内，打破专业壁垒，营销、运维检修、调度控制、其他相关专业高效协同；对外，及时将抢修信息、需要协调的事项实时向政府、敏感客户汇报沟通，强化协同协作与舆情控制。

流

提升抢修过程的信息透明度

启用 GPS 车辆定位系统、微信平台，实时动态共享车辆到达情况、故障现场设备照片、影响范围、停电时间、抢修资源等信息，做到抢修信息传递"零距离"（**执行案例："电力滴滴"实现透明抢修，化解等待焦虑**）。

整合资源优化抢修中的物资管理

优化变压器等大件更换的流程，平台人员直接把物资运抵事故现场，缩减以前先踏勘再派车到库房拉物资至现场的中间环节。

人

提高抢修人员专业性和责任意识

开展营配调一体全能型人才建设，加强专业技术培训的同时，着力提升运维人员安全意识、沟通能力和服务态度，提升供电抢修效率和供电服务能力。

⬤ 执行案例

"电力滴滴"实现透明抢修，化解等待焦虑

电力故障抢修过程中频繁发生催单现象，产生催单的主要症结在于，抢修服务信息滞后、抢修进展过程及抢修人员的实时信息不透明，无法预知抢修进展以满足客户急迫的"心理预期"的要求。

国网北京市电力有限公司丰台供电公司深入调研客户期望，平衡客户需求及现阶段公司可以公开的抢修信息，研发了可视化互动抢修 App，借助电子信息化手段，结合定位系统，实现位置实时共享和过程透明。可视化互动抢修 App 通过实时交互的特点实现信息及时传递及资源集约整合；以工单流转为数据核心，调整人员绩效考评维度；以故障处理各节点数据和客户满意度评价为基础数据，提升抢修效率；以专家系统为强大支撑，为一线员工提供规范的业务指导。

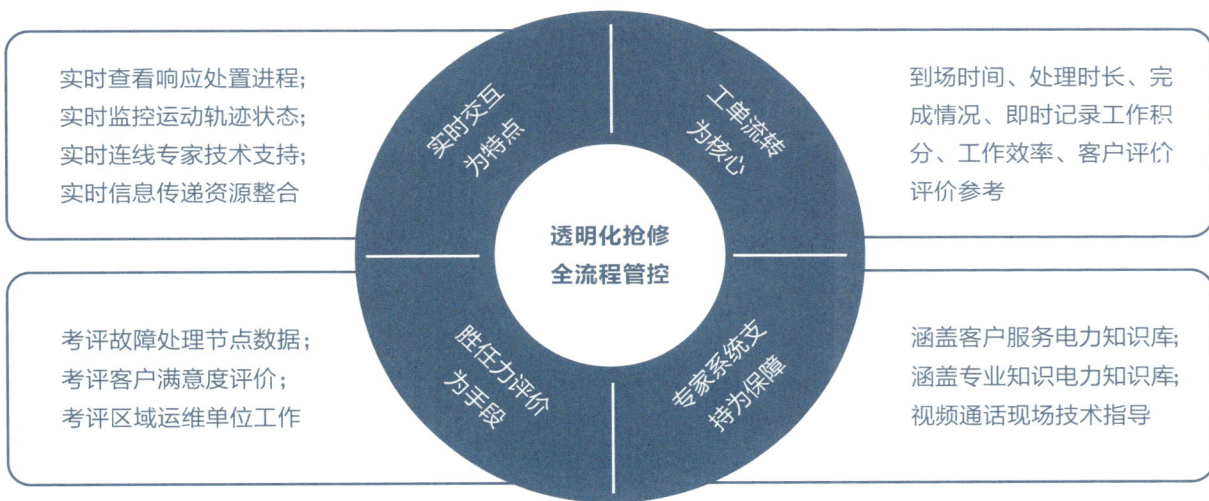

通过可视化互动抢修 App 优化抢修作业流程，大大缩短了抢修工作流程和节点，为客户提供更优质和更透明的服务，有效提升客户满意度。可视化互动报修服务 App 及可视化、互动抢修监控指挥系统已经在国家电网有限公司全面推广，此项目申请了 38 项专利。App 投入使用以来，每年为国网北京市电力有限公司节省成本 4500 余万元。

融入社会责任理念之前	融入社会责任理念之后
抢修过程不透明，客户极易产生等待焦虑	实现客户与抢修人员实时互动，满意度提升
抢修到场时间 32.6 分钟	抢修到场时间 26.4 分钟
故障平均处理时间 43.2 分钟	故障平均处理时间 38.7 分钟

示例流程
6

电力设施保护管理流程

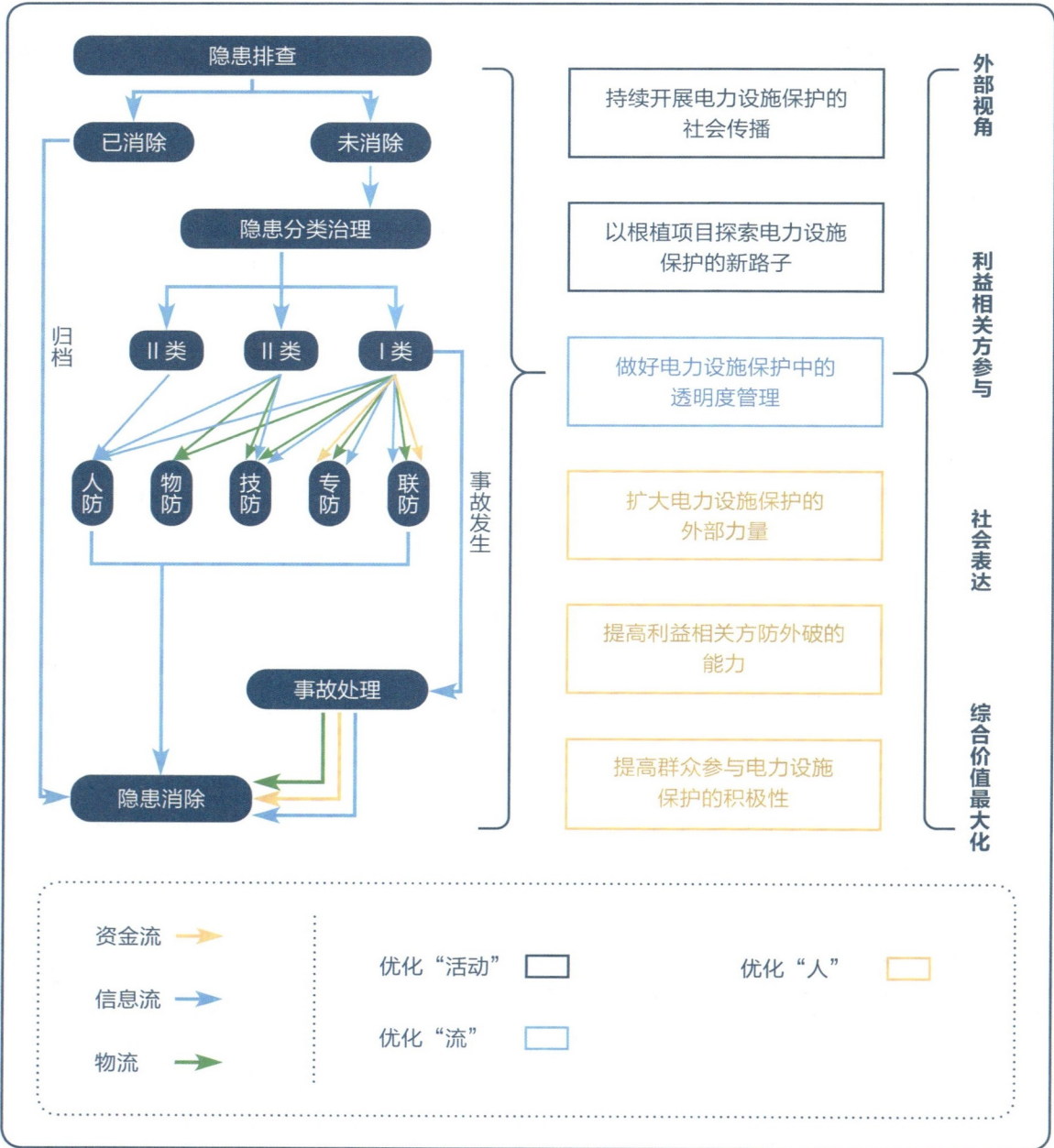

隐患排查

已消除　　　　　未消除

隐患分类治理

Ⅱ类　　Ⅱ类　　Ⅰ类

归档

人防　物防　技防　专防　联防

事故发生

事故处理

隐患消除

持续开展电力设施保护的
社会传播

以根植项目探索电力设施
保护的新路子

做好电力设施保护中的
透明度管理

扩大电力设施保护的
外部力量

提高利益相关方防外破的
能力

提高群众参与电力设施
保护的积极性

外部视角

利益相关方参与

社会表达

综合价值最大化

资金流 →

信息流 →

物流 →

优化"活动" ☐

优化"流" ☐

优化"人" ☐

电力设施保护管理流程

隐患排查		供电企业电力设施保护工作小组及各基层单位组织对管辖范围内的输电线路、电力设备等开展定期的巡视与隐患排查
分类处理	已消除	对于已消除的隐患，由电力设施保护小组和各基层单位及时向设计单位、施工单位反馈，将电力安全隐患消除归档
	未消除	对于在短时间内难以及时消除的隐患，进一步将隐患分为Ⅰ类、Ⅱ类和Ⅲ类，分类开展隐患治理
隐患分类治理	Ⅰ类隐患	Ⅰ类隐患由电力设施保护工作小组专项督查，严格落实对Ⅰ类隐患的五防（人防、物防、技防、专防和联防）措施
	Ⅱ类隐患	Ⅱ类隐患根据其治理的难易程度，依次从人防、物防和技防上进行管控，必要情况下落实联防措施
	Ⅲ类隐患	对Ⅲ类隐患落实专防措施
事故处理		Ⅲ类隐患对于发生隐患治理不当造成的电力安全事故，由电力设施保护工作小组及时开展事故调查，针对施工单位、运维人员，对事故赔偿、绩效考核等事宜做出相应的处理并上报
隐患消除		对以上各个流程中有效治理后的隐患消除归档

流程问题

流程化管理对电力设施保护作用有限

供电企业虽然建立了电力设施保护管理流程，建立巡护、发现隐患、排查治理等程序将风险提前进行预防。但是，由于参与到电力设施保护工作中的主体和导致电力设施破坏的因素都非常的多元、复杂和不可预知，加上公众法律意识淡薄、案件破案率低、供电企业没有执法权等多重限制，单用常规的流程思维来进行管理难以发挥有效的作用，还应该引入利益相关方管理、社会与环境风险管理、沟通管理等方法。

对电力设施保护的认知缺乏外部视野

在供电企业惯常的管理语境中，对导致电网故障的外部人为因素统称为外力破坏。这样的称谓是单方面的仅从电网的视角出发所建立的认知，缺乏外部视野，为什么他们会产生这样的"破坏"？他们对自身行为的"破坏"性是否知情？是否有特殊的诉求？只有站在利益相关方视角看待这些问题，才能给电力设施提供更好的保护。

对保护电力设施缺乏社会表达

在以往的电力设施保护宣传中，供电企业更多是从电网自身的安全出发，从供电企业的惯常语境和沟通方式出发去设计宣传内容和宣传渠道，忽略了受众对这些宣传到底是如何反应？什么样的内容是受众最感兴趣的？什么样的内容是可以达成双方共识的？传播的信息是否精准传达给最容易制造风险的人？风险传播真正有效，才能让风险从根本上得到防范。

对电力设施保护缺乏社会参与

对于社会风险的管理，供电企业主要依赖于内部力量，随着电网工程不断投运，一线巡线员工的负荷与日俱增。而影响电网安全运行的社会风险无时无刻都有可能发生，很难仅仅依靠巡线人员来发现、甄别和解决问题，必须建立主动预防和全民参与的工作机制，从根源上减少风险的发生，同时整合更多的社会资源，实现对风险的共防共管。

流程问题

融入外部视角，重新审视电力设施保护的社会意义

电力设施保护不单单是供电企业防止外力破坏、防风险的内部管理工作，需要融入外部视角，站在公众和利益相关方的角度来审视电力设施保护的社会意义。电力设施本身是一个存在触电风险的事物，也需要利益相关方进行利益让渡例如砍树，因此，要带有社会的同理心来对待电力设施保护。

融入社会表达，促成公众对电力设施保护的认同

对电力设施保护的社会传播，不能局限在供电企业自说自话的话语体系里，一定要注重表达的语言和方式，要让公众切身感受到保护电力设施是与自身的生命安全、可靠用电密切相关，要让公众轻松记住保护电力设施的要点方法，并且有兴趣进行分享和传播。

融入利益相关方参与，达成电力设施保护的群防群护

打破以往单纯依靠供电企业自身力量防范电力设施外力破坏事件的思维模式，融入利益相关方参与，充分识别分析利益相关方及其诉求和期望，整合利益相关方资源，推动形成多方协同工作机制，实现电力设施保护的群防群护。

融入综合价值最大化，创新电力设施保护的工作模式

电力设施保护也需要创新工作方式和合作模式，以实现综合价值最大化为目的，通过与外部企业、公益组织等利益相关方的沟通合作，提升护线效率、降低护线过程中的社会矛盾，寻求企业价值、利益相关方和社会整体价值的共同实现。

流程优化方案

活动

持续开展电力设施保护的社会传播

通过电视、广播、新媒体、公共场所等渠道，开展大型施工机械、大型基建项目施工人员宣传教育活动，开展居民安全用电和电气火灾防范宣传，开展政企、警企联合护线等活动，大力宣传电力设施保护相关知识。

以根植项目探索电力设施保护的新路子

以社会责任根植项目为契机，在电力设施保护中选择利益冲突较大、矛盾较多的难点问题，运用社会资源整合、综合价值最大化等理念方法，创新合作模式，开辟电力设施保护的新路子（**执行案例："骑迹"平台——社会责任根植电力设施防外力破坏项目**）。

流

做好电力设施保护中的透明度管理

与市政部门、其他公共设施单位共享电力设施尤其是地下电缆的布线信息，减少因道路开挖造成的电力设施破坏。开发电力设施保护微信群、App 等工具，搭建公众参与电力设施保护及信息双向互动的平台。

人

扩大电力设施保护的外部力量

建立由政府、林业部门、乡镇政府、村委会、农民、供水、供气、媒体等多方参与电力设施保护的合作机制，创新开展与钓鱼、骑行等俱乐部和公益组织的合作模式，提高社会公众参与电力设施保护的积极性。

提高利益相关方防外力破坏的能力

对大型机械驾驶员、其他公共设施维修人员等可能带来外力破坏的利益相关方开展培训和宣传，提高其防范风险的意识和能力。

提高群众参与电力设施保护的积极性

建立举报、奖励制度，设立奖励基金。广泛发动人民群众，教育群众提高保护电力设施的意识，检举、揭发盗窃、破坏电力设施的违法犯罪行为。

执行案例

"骑迹"平台——社会责任根植电力设施防外力破坏项目

保护电力设施对于电网安全稳定运行与人民生命财产安全有重要意义。但是连云港市和日照市境内地域广阔，仅仅依靠供电企业自身力量进行隐患排查，难以从根本上避免外力破坏电力设施现象的发生。日照市与连云港市同为临海城市，境内骑友众多，且骑行线路与输电线路重合度高，国网江苏电力连云港供电公司与国网山东电力日照供电公司联合打造电力设施保护的"骑迹"平台，因地制宜引入外部企业、骑行俱乐部、公益组织、骑友等外部利益相关方参与到对电力设施的隐患排查与人防流程中，利用骑行当中的便利，对沿途发现的电网设施安全隐患随手拍并举报给"骑迹"平台，共同保护电力设施安全。

	融入社会责任理念之前	融入社会责任理念之后
理念转变	业务视角	责任视角
方法转变	依靠自身力量	各方优势资源共享与有效合作
目标转变	追求业务考核	寻求各方合作目标共同实现

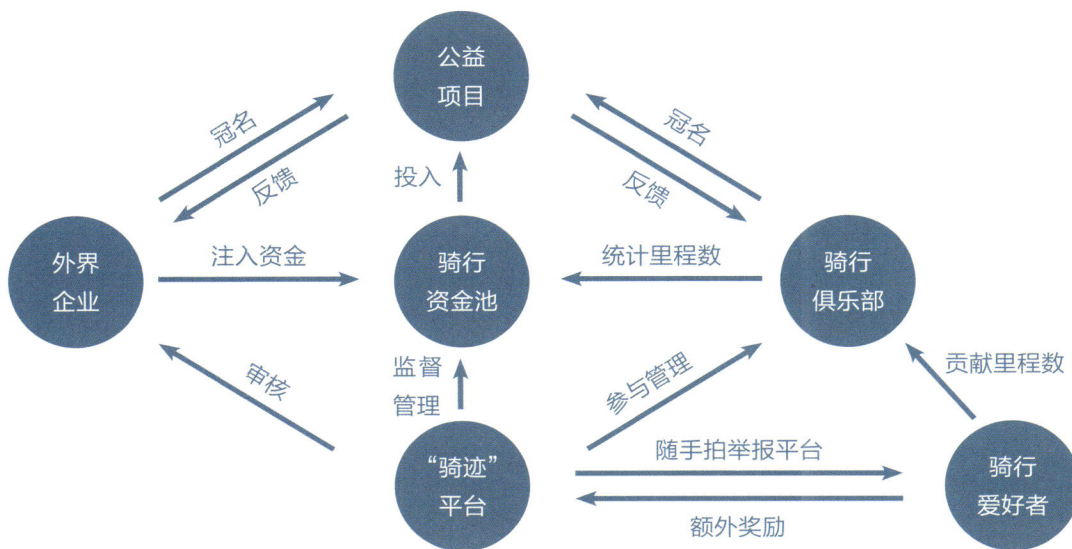

"骑迹"平台管理流程示意图

截至 2018 年 12 月底，两家公司共吸纳 10 家骑行俱乐部、8 家外部企业及 800 名左右骑友加入"骑迹"守护行动。消除工程施工等潜在安全隐患 127 起，连云港市和日照市境内因外力产生的输电线路破坏事件同比下降 33.5%。

业扩报装管理流程

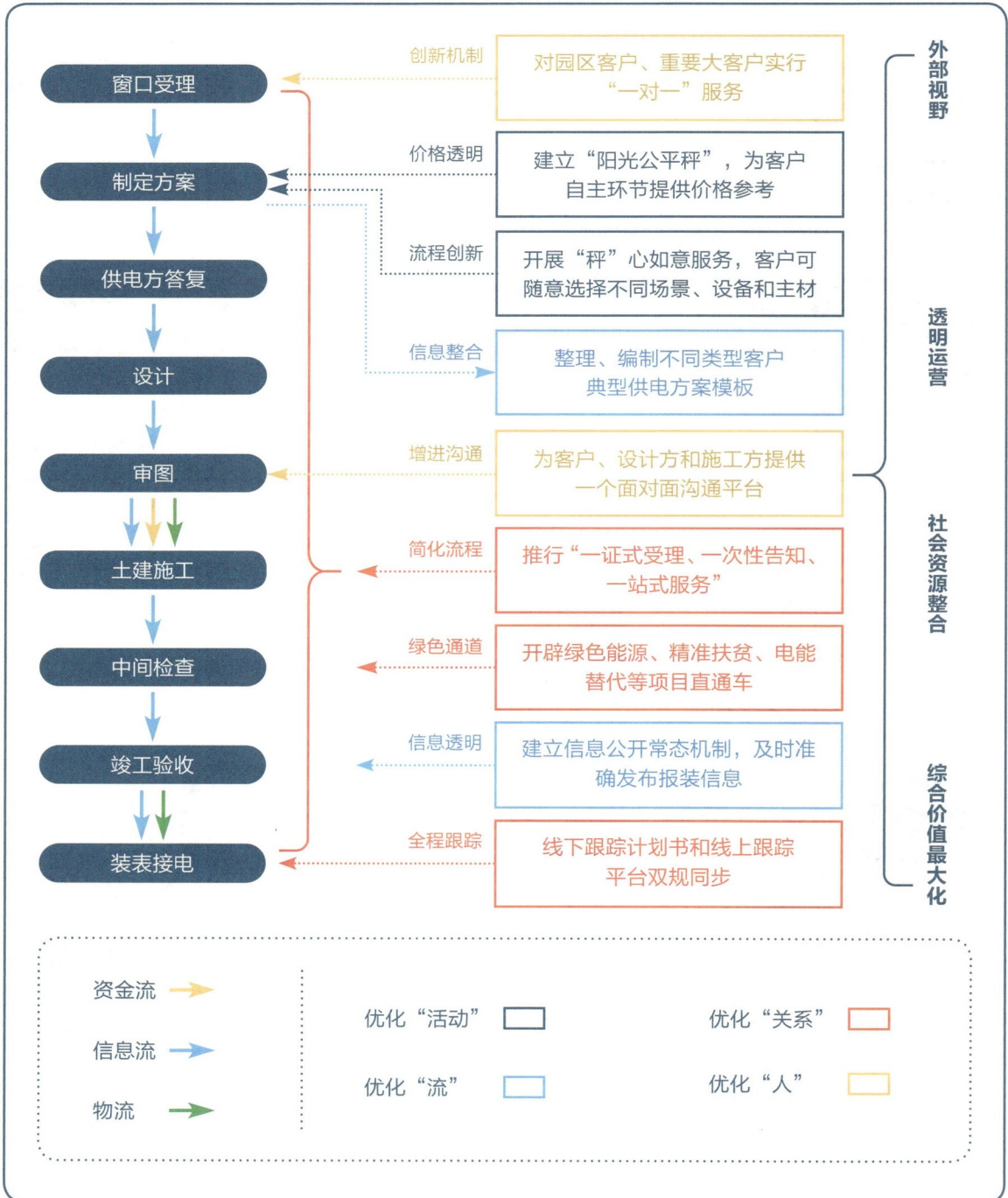

流程	优化标签	说明
窗口受理	创新机制	对园区客户、重要大客户实行"一对一"服务
制定方案	价格透明	建立"阳光公平秤",为客户自主环节提供价格参考
	流程创新	开展"秤"心如意服务,客户可随意选择不同场景、设备和主材
供电方答复		
设计	信息整合	整理、编制不同类型客户典型供电方案模板
审图	增进沟通	为客户、设计方和施工方提供一个面对面沟通平台
土建施工	简化流程	推行"一证式受理、一次性告知、一站式服务"
中间检查	绿色通道	开辟绿色能源、精准扶贫、电能替代等项目直通车
竣工验收	信息透明	建立信息公开常态机制,及时准确发布报装信息
装表接电	全程跟踪	线下跟踪计划书和线上跟踪平台双规同步

外部视野

透明运营

社会资源整合

综合价值最大化

资金流 →

信息流 →

物流 →

优化"活动" ☐

优化"流" ☐

优化"关系" ☐

优化"人" ☐

流程描述

窗口受理	用电客户到营业厅或网上窗口申请业扩报装，填写用电申请书，并向供电企业提供相关资料
制定方案	勘察人员进行现场查勘，根据客户申请及现场供电条件，按要求制定供电方案
供电方答复	供电部门根据管理权限，组织相关部门批复供电方案；并答复客户，发供电方案通知书
设计	客户自主选择有资质的设计单位，供电部门审查设计单位资质，根据客户委托双方签订设计合同
审图	供电企业组织相关部门进行设计审查，将审核意见书面通知客户，并通知客户开展施工
土建施工	客户自主选择有施工资质的施工单位和供货单位；供电部门审查施工和供货单位资质；根据客户委托双方签订施工合同
中间检查	客户内部工程施工阶段，供电企业工作人员对客户隐蔽工程进行中间检查，发现问题经双方确认后，以书面形式通知客户，限期改正
竣工验收	工程竣工后客户提交工程竣工验收申请，供电企业人员到现场进行全面检查，发现问题经双方确认后，以书面形式通知客户，限期改正，直至验收合格
装表接电	客户工程经验收合格，供电部门签发装表工作票，按要求配置计量装置

流程问题

电力业扩报装的效率跟不上需求增长的速度

随着经济的快速发展，重大项目的落地提出了源源不断的电力业扩报装需求。然而电力业扩报装的效率却跟不上需求的增长，平均每个高压项目业扩报装的平均完成时长达到了 102 天，客户对于业扩报装的满意度低下。

客户不明确各流程工作内容

由于业扩报装的专业性，客户在办理时对自己协调的环节仍然非常迷茫，不知道如何选择适合自己的设备，如何找最理想的施工单位，什么时间开工建设等。

传统验证方式影响客户的办电体验

由于用电业务办理流程中经常需要验证客户的身份、房产、户籍等信息，而现有工作方式中，业务受理窗口只接受客户的纸质证明材料原件，一旦客户忘带证件或因各种原因无法备齐证件，势必需要多次往返，费时费力。

设计、施工方、供应商等沟通不充分

设计方和施工方普遍反映互相间缺乏沟通，因为缺少与土建方的沟通，业扩设计方返工率达到了 30% 以上，直接导致了下一环节乃至以后的环节受阻。

问题解决者缺位

各方责任推诿没有形成提高业扩报装效率的合力。在用电业扩报装生态中，各个利益相关方仅从自身单一环节和自身利益考虑，导致业扩报装中各利益相关方无序混乱，暴露在当前效率低下的业扩报装生态链中，仍然缺少一个真正的问题解决者。

融入理念

融入外部视野，厘清流程中的责任边界

业扩报装涉及诸多利益相关方，每一方都对报装效率负有相应的责任。供电企业应从企业自身视角和客户视角向利益相关方视角转变，厘清整个业扩报装过程的责任边界，解决客户不明确各环节责任边界导致的业扩过程拖沓问题。

融入透明运营，加强利益相关方沟通

沟通不畅、缺乏有效合作是业扩报装效率低下的主要原因之一。问题的解决需要加强利益相关方沟通、发挥各自优势、实现透明运营，让各利益相关方实现无缝沟通，大幅提升业扩报装效率。

融入社会资源整合，促进利益各方合作共赢

打通数据壁垒，布局大数据共享平台，建立多方联动、互制互惠的长效合作机制，不断提升便捷办电服务水平和能力，以切实的诚意驱动利益各方参与、合作共赢。

融入综合价值理念，构建可持续的业扩报装生态圈

打破业扩报装流程的局限和惯性思维，从价值链单个环节参与者转变为价值链整合者，推动业扩报装效率提升与社会价值创造，引导利益相关方追求多元化的共赢，完善可持续发展的业扩自组织生态系统。

流程优化方案

活动

为客户自主负责的环节（图纸设计、设备采购、工程施工等内部环节）提供价格参考、造价咨询服务，建立"阳光公平秤"，整合业扩工程价值链为客户提供投资（**参考案例："阳光 N 次方"，打造办电生态圈价值创造共同体。**）

开展"秤"心如意服务，客户可以随意选择不同业扩场景，不同设备和主材，打破业扩报装工程"黑箱子"潜规则。

关系

简化业务办理手续，推行"一证式受理、一次性告知、一站式服务"业扩报装用电业务办理，缩短供电方案答复、图纸审核与送电时间（**参考案例："零证刷脸"＋"一证通办"，社会责任根植便捷办电项目**）。

开辟绿色能源、精准扶贫、电能替代、重大新项目直通车，从简化业务手续、制定典型方案、增加服务人员力量等促进业务高效办理。

通过线下跟踪计划书和线上跟踪平台双轨同步，对客户工程供电方案、设计、土建、竣工验收及送电等各环节实施全过程跟踪服务、管控和督办，促进客户办电效率的提升。

流

整合信息资源，整理业扩报装业务办理相关技术标准、工作标准及典型案例、作业指导书等，编制不同类型客户典型供电方案模板。

从制度层面明确供电企业相关部门业扩报装信息公开内容和职责要求，建立信息公开常态机制，及时准确发布业扩报装公开信息。

人

为客户、设计方和施工方提供一个面对面交流沟通的平台，召开设计交底会或施工交底会，有效避免因信息沟通不畅导致的设计图纸不符合规范或施工与图纸不符的现象发生。

建立园区客户经理，与市重点局、各类园区管委会建立沟通联系机制，对园区客户、重要大客户实行"一对一"服务。

"阳光 N 次方"，打造办电生态圈价值创造共同体

浙江和安徽同属长江中下游经济活跃省份，因重大项目拉动的业扩报装项目需求庞大，但电力业扩报装的效率却跟不上需求增长的速度。对电力客户投诉调查显示，浙江、安徽两省收到的关于业扩报装的投诉中，超过 60% 起因于业扩报装效率问题。与此同时，随着售电侧市场开放，电力体制改革面临新形势、服务提质增速产生新要求，电力市场格局顺应新时代逐渐演变出新格局。业扩报装各利益相关方也对办电"又快又好"有了新的定义和需求。

为了解决业扩办电效率低下，国网浙江电力自 2015 年起推行"阳光 N 次方"行动，将社会责任理念根植到业扩报装中，打造可持续业扩报装生态圈。在两年的实践深化中，国网浙江省电力有限公司携手国网安徽省电力有限公司，联合业扩报装利益相关方一起践行可持续发展理念，发展和丰富了"阳光 N 次方"，形成国网浙江电力"阳光 N 次方"2.0 版本和国网安徽电力"阳光 N 次方"6 次方版本，成功探索了一条用社会责任理念和工具解决公共问题的路径，为全国范围公共服务领域内的社会治理提供了有益的借鉴。

1 次方"阳光契约"	编制《业扩报装全程跟踪契约式服务计划书》，明确整个业扩报装过程的责任边界
2 次方"阳光工作室"	建设了"阳光服务 365 工作室"和"阳光服务 365 体验室"
3 次方"阳光公平秤"	创新自主开发客户受电工程造价咨询软件，为客户负责的环节提供价格参考
4 次方"阳光信息平台"	应用业扩全流程管理平台，对业扩报装全过程实行线上跟踪、服务、管控和督办
5 次方"阳光一站式服务"	积极推广移动终端现场作业服务，推行"线上全天候受理，线下一站式服务"服务模式
6 次方"阳光绿色通道"	为光伏扶贫项目并网、电动汽车充换电设施建设、客户"表后线"整治等具有社会意义的民生项目开辟"绿色通道"

业扩报装效率显著提升	创造多元化内外增量价值	促进多主体的变化改进
安徽省高压客户业扩报装平均办电时长比 2016 年缩短 26 天，客户投诉率同比下降 16.7%。	安徽省通过业扩报装挖掘电能替代客户，节约标准煤 103 万吨，减排二氧化碳 312 万吨。	企业运营方式转变；员工思维和工作方式转变；企业对外合作方式转。

"零证刷脸"＋"一证通办"，社会责任根植便捷办电项目

世界银行《2018 营商环境报告》显示，我国在全球 190 个经济体中营商环境指标排名位列 78 位，而营商环境中的一项关键指标 —— 获得电力指标排名 98 位。优化电力相关业务办理流程，提升办电效率成为当务之急。

2017 年，浙江"最多跑一次"全方位、深层次的改革领跑全国，成为服务民生、提升营商环境的"金招牌"。但在进一步提升服务效率的过程中，客户办事的堵点依然存在。由于用电业务办理流程中经常需要验证客户的身份、房产、户籍等信息，而现有工作方式中，业务受理窗口只接受客户的纸质证明材料原件，一旦客户忘带证件或因各种原因无法备齐证件，势必需要多次往返，费时费力。

为了解决以上问题，国网浙江省电力有限公司温州供电公司、衢州供电公司引入资源共享、合作共赢的社会责任理念，聚焦问题，发挥供电企业先行先试的带头作用，通过积极对接政府及相关职能管理部门、大数据中心、互联网技术研发机构等利益相关方，推动政府集中攻坚，布局数据共享平台，创新实践以居民身份证为认证核心的证明材料网络获取模式，实现多种电力业务"一证通办"。项目组在打通各方数据壁垒的基础上，进一步扩大与行政服务中心、公安部第一研究所等利益相关方的技术合作，借助支付宝、瓯易办终端等平台，首度开启了办电服务的"零证刷脸"时代。

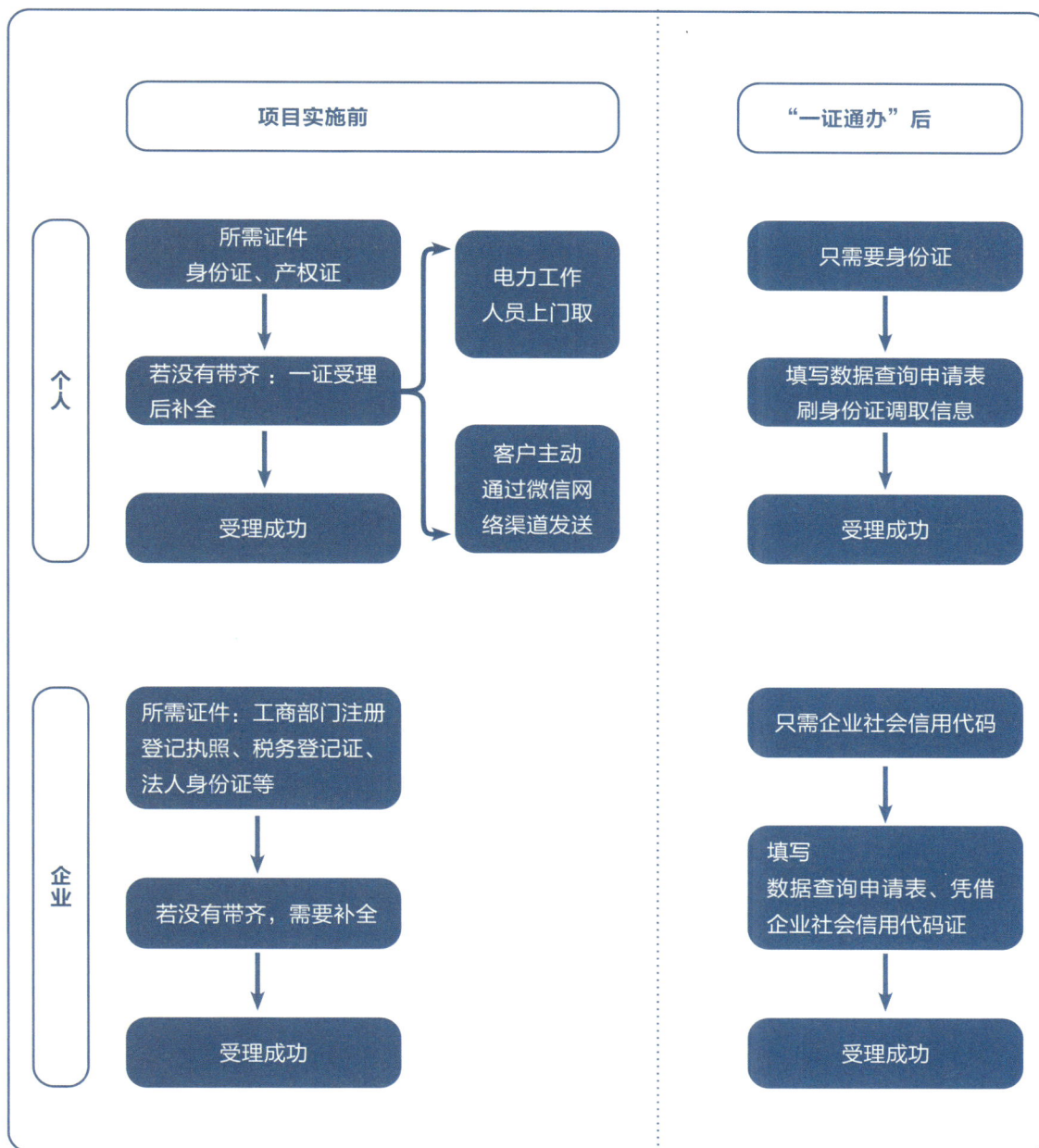

项目实施前	"一证通办"后
个人	
所需证件 身份证、产权证 → 电力工作人员上门取	只需要身份证
若没有带齐：一证受理后补全 → 客户主动通过微信网络渠道发送	填写数据查询申请表刷身份证调取信息
受理成功	受理成功
企业	
所需证件：工商部门注册登记执照、税务登记证、法人身份证等	只需企业社会信用代码
若没有带齐，需要补全	填写数据查询申请表、凭借企业社会信用代码证
受理成功	受理成功

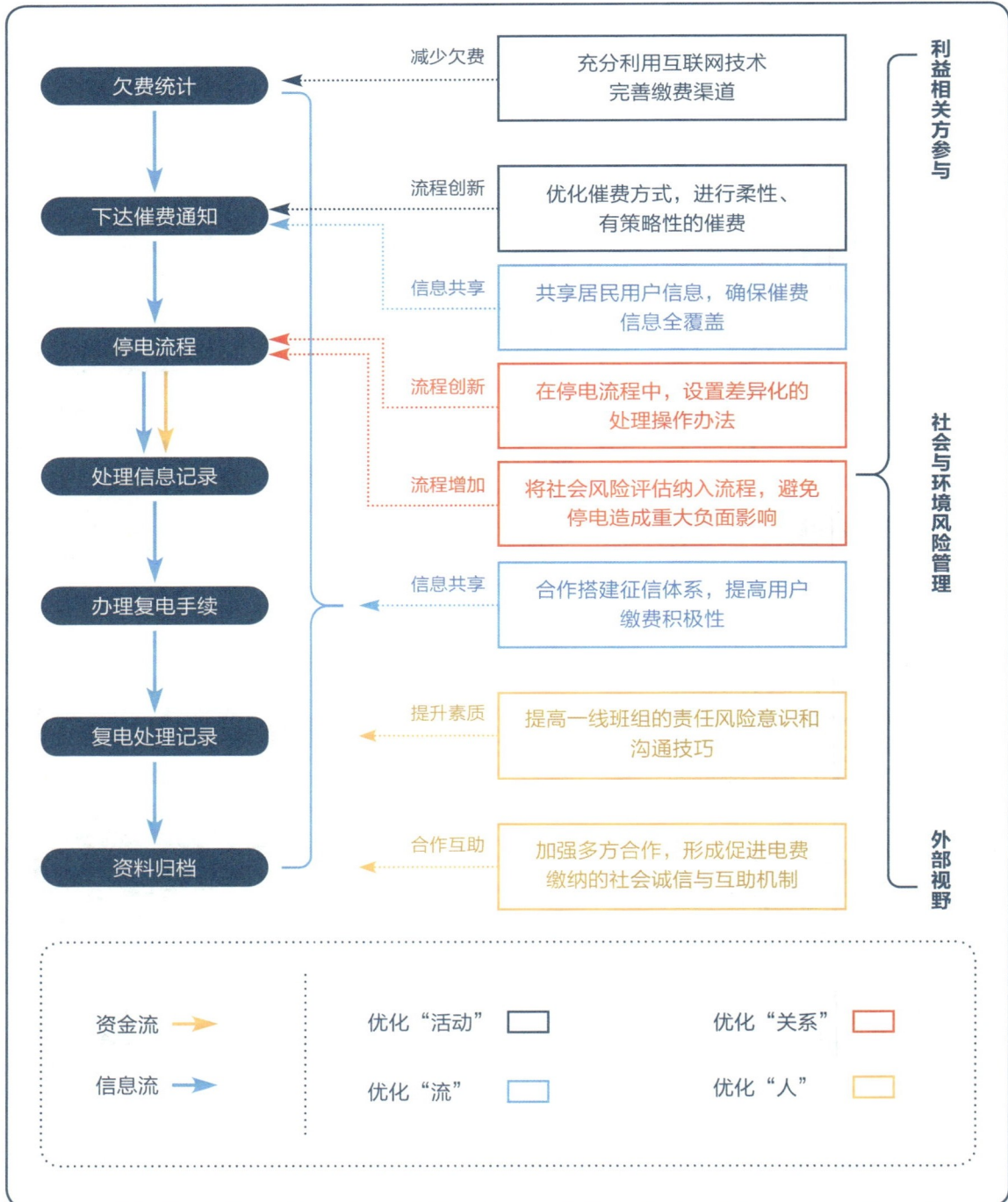

示例流程 8

电费回收与欠费停电管理流程

流程步骤	优化标签	优化内容	视野
欠费统计	减少欠费	充分利用互联网技术完善缴费渠道	利益相关方参与
下达催费通知	流程创新	优化催费方式，进行柔性、有策略性的催费	
	信息共享	共享居民用户信息，确保催费信息全覆盖	社会与环境风险管理
停电流程	流程创新	在停电流程中，设置差异化的处理操作办法	
处理信息记录	流程增加	将社会风险评估纳入流程，避免停电造成重大负面影响	
办理复电手续	信息共享	合作搭建征信体系，提高用户缴费积极性	
复电处理记录	提升素质	提高一线班组的责任风险意识和沟通技巧	
资料归档	合作互助	加强多方合作，形成促进电费缴纳的社会诚信与互助机制	外部视野

资金流 →　　优化"活动" □　　优化"关系" □

信息流 →　　优化"流" □　　优化"人" □

流程描述

欠费统计	收费人员在欠费客户列表中筛选需催收客户及欠费金额
下达催费通知	收费人员对超过收费规定日期的欠费客户，下发催收电费通知书
停电流程	需停电催收的，在履行提前通知后（费控客户在费控协议中提前明确），按照相关程序发起欠费停电工作流程
处理信息记录	收费人员实施停电工作并记录停电处理相关信息，对停电不交费的，视具体情况提报司法部门处理；经停电催收后交费或经司法部门处理后交费的，办理复电手续
办理复电手续	收费人员发起复电流程（费控客户为自动复电），并跟踪现场情况，对于远程无法自动复电的，及时现场复电
复电处理记录	收费人员实施复电工作并记录复电处理相关信息
资料归档	收费人员将工作中形成的所有材料整理归档以备查

流程问题

电费催收界面的矛盾压力大

一线的营销班组在电费催收流程中，一方面承受着多次上门催费未果劳力费心还遭遇客户投诉的压力，另一方面也因为客户体量较大，难以逐户分析分类，并提供个性化的催费服务，容易导致双方之间的不理解和情绪对立。

停电可能引发重大的社会风险

欠费停电流程虽然是严格按照法律法规执行的，但是停电本身是一项可能引发人身安全、经济损失的行为，在现有的流程中，缺乏对停电的社会与环境风险管理，可能对社会和供电企业自身造成巨大的影响。

在电费催收问题上的创新与合作不足

欠费停电管理流程的首要目的是回收电费，停电只是不得已的方式，在采取停电之前，应该尽可能创新工作方式，整合社会资源，多方合作解决客户欠费的问题，个别一线的工作人员，缺乏这样的思维，需要得到更高层面的支持。

融入理念

根植外部视野，重新认识电费回收难问题

电费拖欠问题不仅影响了供电企业发展，更折射出客户的素质习惯与诚信水平。因此，解决电费拖欠问题，不能只从与供电企业发展最直接的因素考虑，而需从外部视角来考虑，通过社会多方面多维度促进解决此类问题，将其上升到社会公共问题来看待和处理。

根植社会与环境风险管理，差异化应对欠费用户

电费拖欠的原因并不是单一的，在不同时期不同类型的客户产生电费拖欠的原因各有不同，不同客户被停电造成的损失也不同。因此，供电企业在执行欠费停电程序时，不能采取一刀切的方式，需要对每一类欠费产生的原因、人群特点、风险隐患等进行细分，针对不同类型制定不同策略。

根植利益相关方合作，形成良性互动的问题解决机制

供电企业目前面临的电费拖欠问题，折射出的是社会公共问题。为有效、彻底解决该问题，单凭企业一己之力收效甚微。供电企业需积极与电费回收问题涉及的各利益相关方沟通协调，形成良性互动的问题解决机制。

流程优化方案

活动

完善交费渠道

充分利用互联网技术，结合网上支付技术手段的不断提升，推广使用支付宝、微信等现代化网络交费平台；与国有银行、股份制银行等加强银行代扣业务的合作，并鼓励居民预存电费。

优化催费方式

进一步完善客户信息，及时进行余额不足、催交电费、停复电等信息提醒，进行柔性、有策略性的催费。

关系

在欠费停电流程中，设置差异化的处理操作办法

针对无意识欠费、流动性欠费、贫困欠费、恶意欠费等不同类型的欠费群体，给予不同级别和不同方式的对待（**参考案例："双榜一帮"助推电费回收　构筑诚信社会基石**）。

将社会风险评估纳入流程

在执行停电操作之前，充分了解客户的生产生活现状，评估停电可能给客户带去的风险，对于存在人身安全或重大经济损失的情况，应做好相应的应急预案。

流

客户信息共享

与社区物业、政府相关部门、中介、其他公共服务行业等建立合作，共享居民客户的信息，及时掌握房屋住户的情况，避免欠费通知不到客户的情况。

信用信息共享

将居民电费交纳的征信记录与银行征信中心、征信管理部门等机构合作，共享信用信息，合作搭建征信体系，提高客户及时交纳电费的积极性。

人

加强培训和经验分享

提高一线营销班组在电费催收方面的责任意识、风险意识和沟通技巧。

加强多方合作

与小区物业、居（村）委会建立更密切的合作关系，增强相互之间的信任感，借助邻里诚信机制催交电费；与银行、金融机构合作，创新金融工具助力大客户在资金紧张期的电费交纳。

执行案例

"双榜一帮"助推电费回收　构筑诚信社会基石

电力作为一种特殊商品，长期以来多采取的是先消费后付款的付费方式。电费回收作为电力营销的一个重要环节，是供电企业经营成果的最终体验。国网辽宁省电力有限公司鞍山供电公司长期面临一定的电费拖欠问题，对公司持续发展产生一定影响。国网鞍山供电公司从居民欠费特点和现状等方面进行了深入研究，根植外部视野，引入社会责任管理的理念、方法和工具，充分考虑和结合企业、客户和社会三方利益，将公司内部问题外部化，将外部社会资源内部化，进行多方合作，整合社会资源，制定"双榜一帮"社会责任根植项目。

该项目创新工作思路，细化客户群体分类管理，采取"两榜一帮"工作模式，对优质客户（"红榜"客户）采用激励措施，对不良客户（"黑榜"客户）采用约束措施，对确有困难的客户进行帮扶地解决问题，并加强社会宣传，帮助客户建立"电是商品，用电应先交钱后用电"等意识，逐步缓解电费回收压力、化解催费矛盾等。

项目实施后，国网鞍山供电公司年底欠费金额35.33元，同比下降46.96%，欠费户数5152户，同比下降57.2%；百万户投诉件数由年初的31.5件下降至11.83件，下降率62.44%；促进客户形成电力信用认识，在当地社会营造更好的诚信氛围。国网鞍山供电公司与地方政府对疑难客户欠费问题进行了对接，促使地方政府出面解决近150余万元新建小区电费问题。

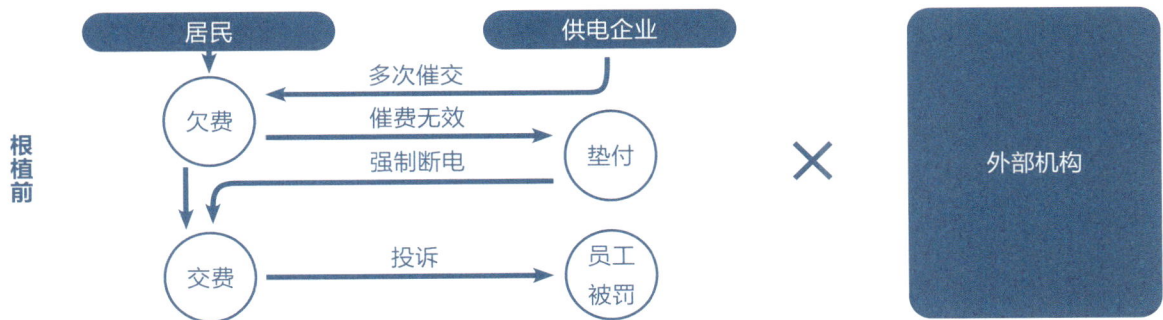

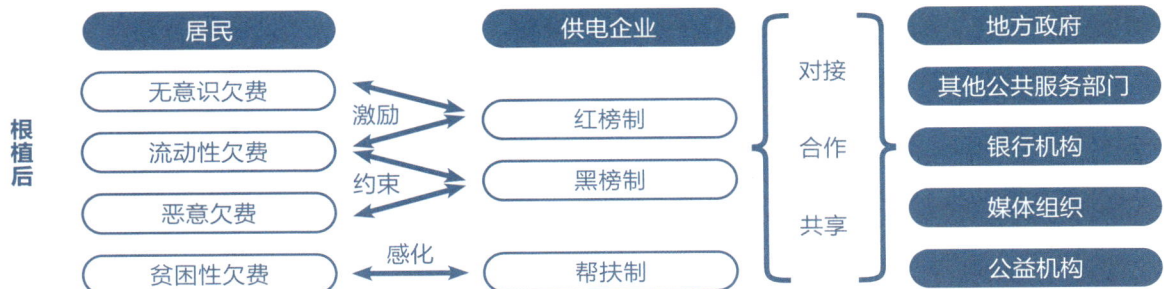

社会责任
融入
管理流程

示例流程 9
"三重一大"事项决策流程

- **"三重一大"事项决策流程**

- 督察督办工作管理流程

- 公司战略管理流程

- 国际咨询项目决策审批流程

......

决策管理

示例流程 10
一线员工绩效管理流程

示例流程 11
废旧物资处理管理流程

- 管理人员绩效管理工作流程

- **一线员工绩效管理流程**

- 人才帮扶工作流程

- 电价信息对外报送流程

- 行风问题线索移交处理流程

- 党风廉政建设责任制考核流程

- 总部供应商不良行为管理流程

  ......

- **废旧物资处理管理流程**

- 总部定点扶贫工作管理流程

- 运营监测（控）问题管理流程

- 突发事件信息报告流程

- 生产事故事件调查管理流程

- 厂务公开管理流程

- 合理化建议管理流程

- 危机传播管理流程

- 特大突发事件处置流程

  ......

职能管理

综合管理

"三重一大"事项决策流程

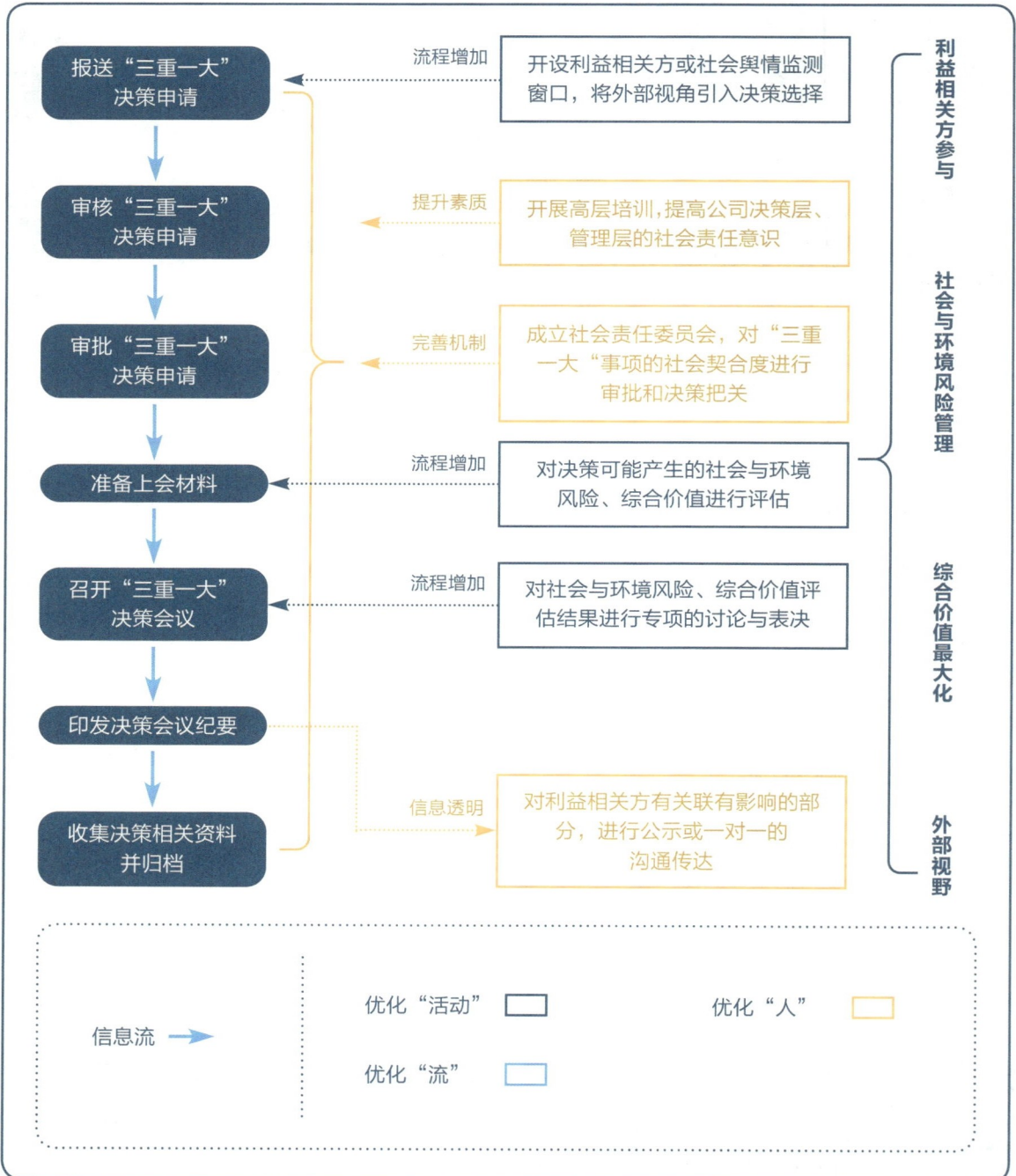

报送"三重一大"决策申请

← 流程增加 ← 开设利益相关方或社会舆情监测窗口，将外部视角引入决策选择

审核"三重一大"决策申请

← 提升素质 ← 开展高层培训，提高公司决策层、管理层的社会责任意识

审批"三重一大"决策申请

← 完善机制 ← 成立社会责任委员会，对"三重一大"事项的社会契合度进行审批和决策把关

准备上会材料

← 流程增加 ← 对决策可能产生的社会与环境风险、综合价值进行评估

召开"三重一大"决策会议

← 流程增加 ← 对社会与环境风险、综合价值评估结果进行专项的讨论与表决

印发决策会议纪要

收集决策相关资料并归档

→ 信息透明 → 对利益相关方有关联有影响的部分，进行公示或一对一的沟通传达

利益相关方参与

社会与环境风险管理

综合价值最大化

外部视野

信息流 →

优化"活动" ▢

优化"流" ▢

优化"人" ▢

流程描述

报送"三重一大"事项决策申请	各部门、单位认为现有工作中出现"三重一大"决策事项，需要启动"三重一大"决策流程来做出决策，向公司办公室、党委办公室提出"三重一大"事项决策申请
审核"三重一大"决策申请	公司办公室、党委办公室依照相关规章制度，审核申请中的事项是否属于"三重一大"决策事项
审批"三重一大"决策申请	主要负责同志要依照相关规章制度，审核申请中的事项是否属于"三重一大"决策事项
准备上会材料	公司办公室、党委办公室筹备"三重一大"决策会议，起草、审核、印制上会文字材料或电子版资料等
召开"三重一大"事项决策会议	公司办公室、党委办公室召集领导班子成员及与该项事项相关的人员召开"三重一大"事项决策会议，会议上通过民主程序对事项进行决策，决策未通过的可多次召开会议充分讨论决策
印发"三重一大"事项决策会议纪要	"三重一大"事项决策会议召开后，对决策事项审议通过后，公司办公室、党委办公室应及时整理会议纪要，并通过发文程序进行印发，便于相关部门和单位依照决策结果遵照实施
收集"三重一大"事项决策相关资料	公司办公室、党委办公室收集"三重一大"事项决策相关资料，准备年度归档工作

流程问题

缺乏外部视野，"三重一大"仅视为内部工作

目前无论是从决策管理流程本身、还是流程执行人的理念来看，"三重一大"更多被视为是内部工作，是跟企业自身运营息息相关的重大事项。缺乏一种外部视角和一套机制能够将利益相关方最为关注、对利益相关方影响重大的决策、项目、工作安排上升为"三重一大"进行集体决策。

缺乏社会与环境风险管理，忽略决策的外部影响

在当前的决策流程中，对于"三重一大"的决策更多是从技术经济的可能性、合规性等方面去考量，缺乏一套机制对"三重一大"的社会与环境风险进行专项的评估并将评估的结果纳入到决策中，成为决策层需要关注和管控的重点。这样的缺失会导致公司决策没能充分考虑外部影响，为后期的执行埋下隐患，引发负面舆情甚至矛盾冲突。

缺乏综合价值创造思维，决策的价值没有最大化

"三重一大"不仅仅对企业自身而言极为重要，企业的社会功能决定了"三重一大"同样会创造可观的经济、社会、环境等综合价值。当前的决策更多关注企业自身的盈利与投资回报，缺乏一套机制对"三重一大"的综合价值进行挖掘和评估，缺乏如何用综合价值最大化创造的理念来引导管理层的战略决策。

利益相关方参与和透明运营在决策中需适当加强

由于"三重一大"决策更多被看作是企业内部的工作，甚至是具有保密性质的工作，往往缺乏利益相关方参与和透明管理。但是对于与利益相关方有密切关系或受到外部强烈关注的重大问题，需要适当引入利益相关方参与，需要做好信息公开透明。

融入理念

融入外部视野，让利益相关方的关注点进入管理层的视线

社会责任融入决策管理的首要任务应该是融入外部视野，将"三重一大"决策工作看作是决策处理企业与社会重大问题的契机，加入利益相关方和社会的维度，在决策议题的申报选择上，考虑将与社会有重大关联、利益相关方重点关注、重大社会舆情所指向的那些议题进入到"三重一大"决策流程中，得到企业管理层的重视。

融入社会与环境风险管理，让企业决策对社会负责任

社会与环境风险管理是指企业自觉管理自身决策与运营对外部的负面影响。尤其在决策阶段，能够有效防范社会与环境风险，是企业对社会负责任的关键。在"三重一大"决策管理流程中融入社会与环境风险管理，就是要充分评估集体决策的重大事项对社会和环境可能产生的风险，讨论如何规避这些风险。

融入综合价值创造理念，最大化发挥企业的社会功能

综合价值创造理念的核心目标包括最大化积极影响、强调价值平衡性和突出增量价值。将综合价值创造理念融入"三重一大"决策管理流程，就是要改变以往仅关注企业自身价值、投资回报的决策理念，转为考虑如何才能最有效、最大限度地创造积极的、正向的综合价值；如何平衡决策的正面价值和负面损失，让综合性结果趋于最优。

融入利益相关方参与和透明管理，让决策过程更开放

对于特高压等重大工程项目，由于涉及利益相关方较多，产生的社会影响深远，在决策过程中，有必要融入利益相关方参与和透明管理，做好与外界的沟通，让决策过程更透明、更开放。

流程优化方案

活动

在"三重一大"事项决策申请与审批环节融入外部视野，开设利益相关方或社会舆情监测窗口，从外部的反馈、诉求中筛选与企业关系密切、有重要影响、重要价值的议题，纳入决策流程申请集体决策。

在准备上会材料环节融入社会与环境风险管理、综合价值创造理念，开发相应的评估工具，对"三重一大"决策事项可能产生的社会与环境风险、可能创造的综合价值进行评估并将评估结果作为上会材料的一部分。

在召开"三重一大"事项决策会议环节，决策层需要对所讨论议题的社会与环境风险、综合价值评估的内容进行专项讨论与表决，将其作为最终决策的重要参考依据；对与利益相关方有重大利益连接的议题，必要的情况下要引入利益相关方参与或提前征求利益相关方意见（**参考案例：责任决策—国网山东电力决策管理创新实践**）。

流

整个决策过程涉及的资料、材料、决议和纪要等信息，对利益相关方有关联有影响的部分，需要走厂务公开的程序，进行公示或一对一的沟通传达，保证决策过程的透明。

人

开展高层培训提高决策层、管理层的社会责任意识，了解外部视野、综合价值、利益相关方等核心理念和方法，在实际的决策中融会贯通，做出对社会更负责、社会贡献更大的决策行为。

必要时可成立社会责任管理委员会，专门对每项"三重一大"事项从社会责任的角度、用社会责任的方法进行审批和决策把关。

责任决策——国网山东电力决策管理创新实践

国网山东电力以全面社会责任管理试点工作为契机，指导国网枣庄供电公司以企业的高层决策机制总经理办公会作为社会责任融入决策管理的切入点，按照决策、组织、实施、监督、保障"五分法"，将社会责任理念纳入决策流程，从源头推动社会责任融入公司运营。

国网枣庄供电公司首先成立社会责任委员，委员会有组成人员 13 名，设 1 名主任和 12 名委员，并根据实际情况不定期调整。委员会成员所在部门涵盖基础建设、人力资源、法务、工会、团委及青年事务等主要管理及业务领域，既有分管公司多项业务的决策层成员，又有负责工作推进的副总师团队。

社会责任委员会对总经理办公会的决策流程进行全过程的社会责任把关，从议题选取、方案编制、决策实施与决策后评估四大环节融入外部视角、社会影响管理、利益相关方参与和综合价值最大化等社会责任理念，优化改进社会责任决策管理机制。

采纳新的社会责任决策管理机制后，国网枣庄供电公司已在总经理办公会上吸收利益相关方建议 10 条，企业决策的综合价值创造能力得到明显提升。新的决策管理体系的实施，也为公司在全面推进社会责任管理过程中如何对员工进行理念根植的问题探索出了一条可借鉴的新路。

决策流程	融入 CSR 之前	融入 CSR 之后
议题选取	选取对公司发展有重大影响的决策议题	增设自评估环节，优先选取对公司发展及利益相关方产生重大影响的决策议题
方案编制	主要考虑决策方案的经济技术可行性	由公司社会责任委员会从专业和社会责任等方面对议题方案的制定进行评估，确保议题方案充分考虑社会责任因素，平衡经济技术可行、社会环境影响及利益相关方需求等因素
决策实施	缺乏对决策实施中的社会影响与综合价值的跟踪考量	由公司社会责任委员会对会议确定的决策实施情况进行跟踪，确保决策内容到位，执行得力，实现社会负面影响最小化、综合价值最大化
决策后评估	主要评价决策的经济效益	由公司社会责任委员会对议题方案的制定和执行进行综合评价，从社会责任角度推动决策的持续改进

一线员工绩效管理流程

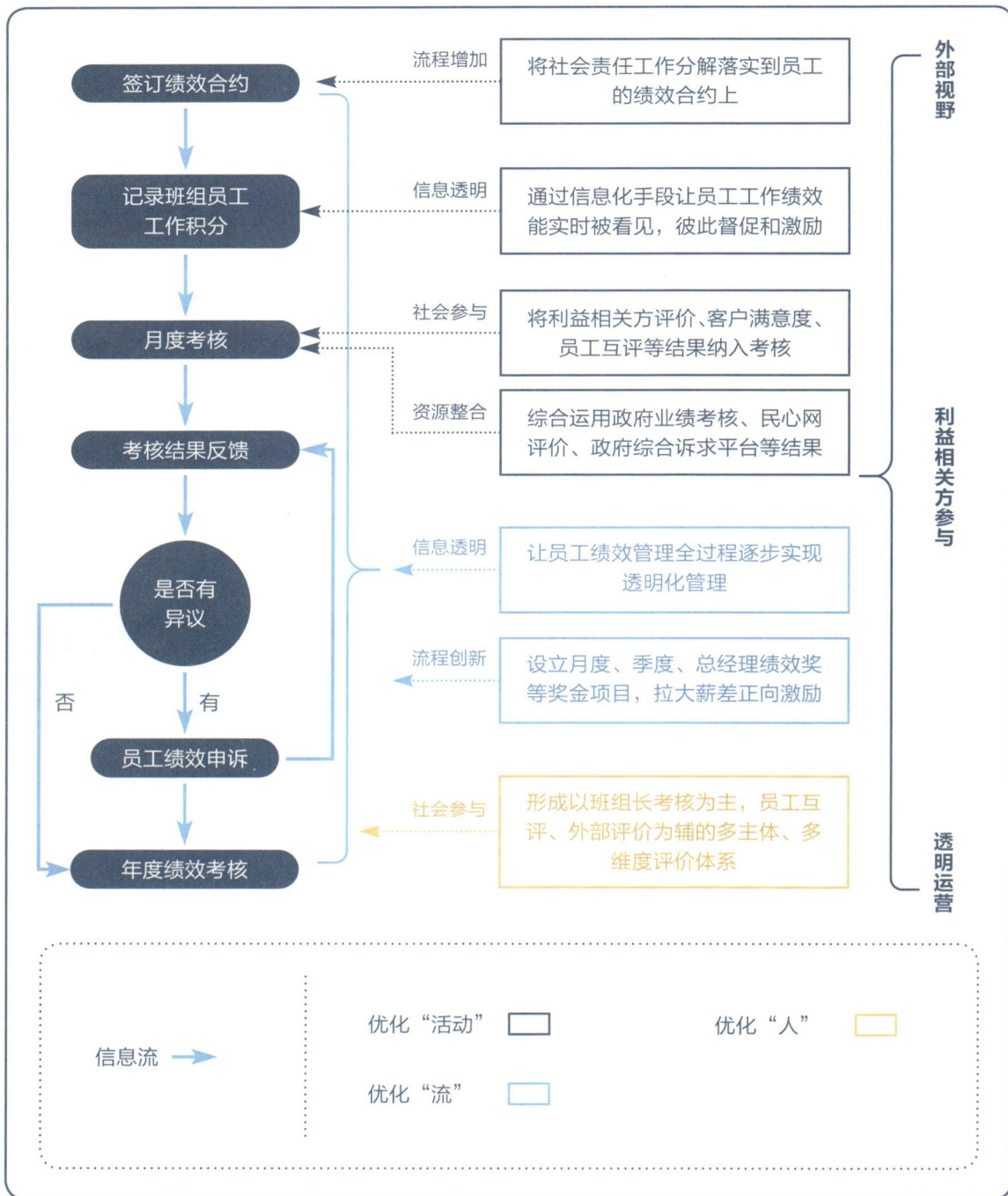

流程步骤	标签	说明	外部视野

签订绩效合约 ← 流程增加 — 将社会责任工作分解落实到员工的绩效合约上 — **外部视野**

记录班组员工工作积分 ← 信息透明 — 通过信息化手段让员工工作绩效能实时被看见，彼此督促和激励

月度考核 ← 社会参与 — 将利益相关方评价、客户满意度、员工互评等结果纳入考核

← 资源整合 — 综合运用政府业绩考核、民心网评价、政府综合诉求平台等结果

考核结果反馈

是否有异议 ← 信息透明 — 让员工绩效管理全过程逐步实现透明化管理

否 / 有

← 流程创新 — 设立月度、季度、总经理绩效奖等奖金项目，拉大薪差正向激励

员工绩效申诉

年度绩效考核 ← 社会参与 — 形成以班组长考核为主，员工互评、外部评价为辅的多主体、多维度评价体系

利益相关方参与

透明运营

信息流 →

优化"活动" ☐

优化"流" ☐

优化"人" ☐

流程描述

签订绩效合约	由各单位人力资源部绩效管理岗位的人员于每年 10 月下旬启动下一年度绩效计划编制工作，研究拟定关键业绩指标和重点工作任务，编制重点工作任务计划书，并将考核指标、工作任务分解到员工，由员工与其绩效经理人签订绩效合约
记录班组员工工作积分	一线员工考核内容包括工作任务指标、劳动纪律指标两部分，实行"工作积分制"：工作任务指标，依据员工在考核期内完成工作的数量和质量进行量化积分；劳动纪律指标，包括考勤、工作态度等内容
月度考核	每个月进行月度工作积分汇总，由班组长进行考评，形成月度考核结果
考核结果反馈	发布班组绩效考核看板，反馈考核结果并兑现，并辅导员工制订改进工作计划
员工绩效申诉（若有异议）	人力资源部门进行调查并与部门领导沟通协调，由各部门负责人确认协调结果，提出初步处理意见，并最终裁定员工绩效评价结果
年度绩效考核	根据月度考核结果，到年底汇总并最终形成年度考核结果

流程问题

对员工绩效管理流程与社会责任的关系认识不足

从调研了解的情况来看，企业通常将员工绩效管理流程视为是一个内部化的流程，利益相关方仅为员工自身，对如何将社会责任融入员工绩效管理流程缺乏一个整体的认识和有效的思路。事实上，员工的绩效管理流程正是推动员工履行自身工作职责和工作任务的推进器，而员工的工作行为直接影响着企业的社会责任表现。因此，员工绩效管理流程绝不是一件内部化的工作，而是与外部利益相关方、与社会责任紧密相关的。

社会责任的工作目标、要求没有在绩效合约中充分体现

当前一线员工绩效合约中规定的考核内容主要是基于岗位职责和年度工作任务，体现社会责任的工作，如员工志愿服务等行为，没有得到应有的关注，员工缺乏履行社会责任的动力；此外，对员工本职工作的要求标准过于单一，如对业扩班组考核的目标仅为"按时限完成"，缺乏利益相关方满意、综合价值最优等多元化的标准。

评价主体缺乏利益相关方参与，公平公正性有所欠缺

对一线员工绩效考核的执行主体主要是其班组长，员工的绩效表现由班组长一人决定，缺乏员工互评和利益相关方参与。单一的评价主体，加上个别指标可操作性差，易产生主观臆断行为，在一定程度上会影响评价结果的公平公正，影响员工积极性。

融入理念

融入外部视野，优化员工绩效管理的目标导向

员工绩效管理不是一项纯内部性的工作，它的目标导向左右着员工的行为表现，也影响着企业的社会责任表现。融入外部视野就是要看到员工绩效管理流程的外部性、社会性，将员工绩效管理的目标在促成企业战略任务落成的基础上，增加对社会负责任、对员工负责任的两个维度导向。

融入利益相关方参与，增进员工绩效管理的公平性

绩效管理流程中的利益相关方既包括员工自身，也包括员工岗位上直接对接的客户、供应商等外部利益相关方。融入利益相关方参与，就是要让利益相关方尤其是员工本身能全程主动参与到绩效管理的各个环节，从绩效合约的制定、到绩效成果的公示，员工能充分发挥自己的主观能动性、有足够的知情权和表决权，而不仅仅是被动地接受考核。

融入透明运营，提升员工的工作积极性

员工绩效管理流程是度量员工工作表现、工作成果的直接手段，也是促进员工积极工作的管理机制。将透明运营融入绩效管理流程，就是让员工的工作表现、工作成果在体系内得到充分的公开。这不仅有利于相互的监督，促进绩效管理的公平性。更重要的是，让员工能够逄过对比其他员工的工作绩效，找出自身的差距，形成"你追我赶"的积极的工作氛围。

流程优化方案

活动

在绩效合约签订环节，融入外部视野，引入利益相关方参与，将社会责任理念、工作任务以及社会对企业的期望诉求，如援藏、精准扶贫、志愿者服务等分解落实到员工的绩效合约里，同时让员工亲自参与到绩效合约的制定过程中，确保绩效合约不仅饱含着对社会的责任感，也深得员工的认同和理解。

在记录班组员工工作积分和考核结果反馈环节，融入透明运营理念，通过信息化等手段，让每位员工的工作绩效都能够实时被看见，彼此间督促和激励，形成公开透明的工作氛围，提升员工的工作积极性。

在月度考核环节，纳入利益相关方评价、客户满意度、员工互评等指标，通过多主体、多维度的评价，确保考核结果的公平性和对社会期望的契合度。

以员工为主体的评价机制，采取座谈、第三方访谈、问卷调查等综合评价方式，参与评价人员涉及企业领导、各机关部室、各基层单位及一线员工，多个考核评价主体形成指标体系的闭环管控，确保评价主体之间的约束作用。

利用政府业绩考核、民心网评价、政府综合诉求平台考核等方式，利用与客户紧密相连的社区、新媒体、网络平台、95598热线等评价反馈，确保绩效管理助推企业履责实践。

流

利用信息手段，让员工绩效管理全过程所产生的工作记录、积分、考核结果、相应的工资奖金发放等相关信息逐步实现透明化管理。

设立月度、季度、总经理绩效奖等奖金项目，拉大薪差正向激励，充分放权鼓励创新，提高员工对绩效工作的认同度，促进绩效工作价值提升。

人

建立多元化的评价主体，从当前仅仅由班组长一人考核全体组员的方式转变为班组长考核为主、员工互评和利益相关方评价为辅的多主体、多维度的评价（**参考案例：内外部联动让员工绩效管理更透明更有温度**）。

内外部联动让员工绩效管理更透明更有温度

在深化国有企业改革，"增强活力、提质增效"的大背景下，破除体制机制障碍，进一步激发员工队伍活力已势在必行。绩效管理是发挥员工内生动力的重要载体。国网辽宁电力辽阳供电公司以全面推行社会责任管理为契机，立足于"一个目标、三个理念、五个体系"的工作思路，坚持"问题、价值、变化导向"，统筹安排社会责任根植推动绩效管理，有效提高绩效管理过程的透明度，激发员工争先进位的工作热情。

"一个目标"：以促进企业和员工共同发展为宗旨，构建一流的绩效管理体系，激发内生动力，形成充满活力、创先争优、健康和谐的绩效文化。

"三个理念"：运用"社会责任与业务共生"理念，将社会责任管理理念根植于绩效工作的各个环节、各个层面；运用"利益相关方识别与参与"理念，从绩效管理利益相关方价值角度，理清问题，推动多方合作，最大限度地创造绩效工作的综合价值；运用"透明度和'三个认同'"理念，增强透明运营意识，搭建绩效管理沟通平台。

"四个体系"：利用"主动作为"和"创新驱动"的社会责任方法，构建外部利益相关方参与的评价体系，真实反映单位业绩水平；构建内部利益相关方沟通的管控体系，保证绩效管理公开透明；构建规范的制度体系，推动绩效管理深入开展；构建动态优化的指标体系，实现绩效考核"四个全覆盖"。

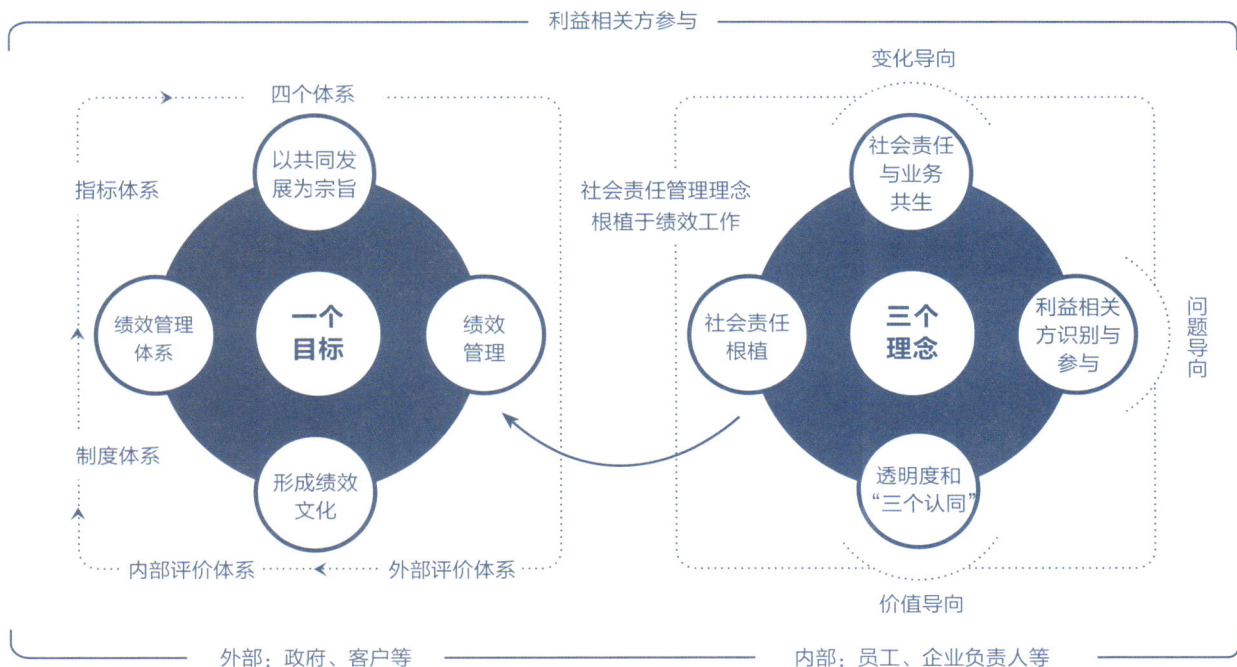

废旧物资处理管理流程

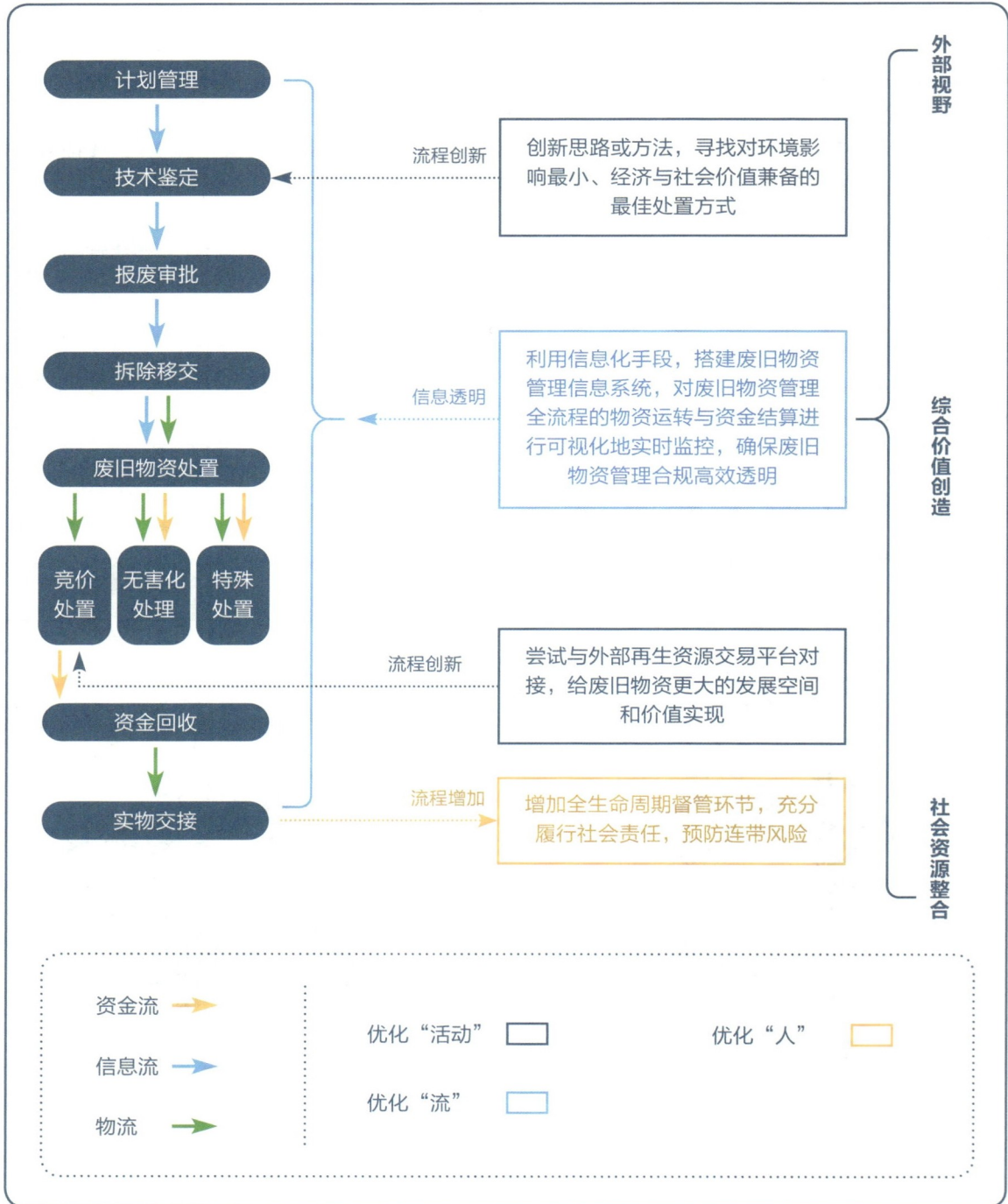

```
计划管理
  ↓
技术鉴定  ←----- 流程创新    创新思路或方法，寻找对环境影
  ↓                         响最小、经济与社会价值兼备的
报废审批                              最佳处置方式
  ↓
拆除移交
  ↓           信息透明    利用信息化手段，搭建废旧物资
废旧物资处置              管理信息系统，对废旧物资管理
                        全流程的物资运转与资金结算进
竞价    无害化   特殊      行可视化地实时监控，确保废旧
处置    处理    处置      物资管理合规高效透明
  ↑
         流程创新    尝试与外部再生资源交易平台对
资金回收            接，给废旧物资更大的发展空间
  ↓                       和价值实现
实物交接  ----→ 流程增加   增加全生命周期督管环节，充分
                        履行社会责任，预防连带风险
```

外部视野

综合价值创造

社会资源整合

图例		
资金流 →	优化"活动" ☐	优化"人" ☐
信息流 →		
物流 →	优化"流" ☐	

流程描述

计划管理		生产技改、电网基建等项目可研阶段，废旧物资管理部门提前开展拟退役资产实物清点，提出拟退役资产（设备／材料）清单
技术鉴定		资产管理部门组织开展技术鉴定，履行内部审批手续，出具技术鉴定报告，明确拟退役资产再利用或报废处置意见
报废审批		按照"分级分专业"原则开展。资产管理部门提前统筹安排退役资产、退出物资技术鉴定、报废审批工作，列入年度退役退出计划的报废审批事项，原则上应在本年度内及时予以审批通过
拆除移交		大型变电设备、输电线路、电网（厂）生产建筑物、构筑物等辅助及附属设施等报废资产可进行现场移交与处置；其他废旧物资集中存放仓库
废旧物资处置	竞价处置	有处置价值的报废物资，在国家电网有限公司电子商务平台集中开展网上竞价（拍卖）处置
	无害化处理	无处置价值的报废物资，在符合安全、环境等相关要求前提下，自行、委托第三方或社会公共机构实施无公害化处理
	特殊处置	特殊类报废物资交由本单位环保管理部门认可，由具备相关资质的企业或机构做专门的处理
资金回收		各级物资管理单位（部门）负责在报废物资销售合同签订后，督促成交的回收商按照合同约定及时全额付款，本单位财务部门做好入账管理工作
实物交接		各级物资管理单位（部门）应在全额收取报废物资销售合同货款后，组织回收商进行实物交接，签署报废物资实物交接单

流程问题

供电企业在废旧物资处置流程上本身已经做得非常缜密、完整，通过计划管理、处置细节的把控有效预防了偷盗、违规处置及废旧物资再度流入供电市场等社会风险，也通过废旧物资的交易平台及内部管理系统实现了废旧物资的透明化管理，很好地履行了社会责任。但是从调研的过程来看，依然有进一步完善的空间。

缺乏全生命周期管理的视角，废旧物资的管理边界有待延伸

目前供电企业对于废旧物资的管理边界仅限于企业内部，当废旧物资完成交接之后，就不再在企业的关注范围中，变为废旧物资处理单位和政府监管单位的事情。从社会责任的国际化要求来看，越来越多企业和机构开始强调从"摇篮到坟墓"的全生命周期管理，即企业要对进出整个系统的物资的来源和去向都负起责任来。这一点，有待于供电公司参考。

综合价值创造理念体现不足，废旧物资的价值有待提升

目前供电企业的废旧物资处置管理流程很好地体现了依法合规、环保无污染、公开透明等社会责任要求，但是在最大化创造综合价值方面还缺乏专门流程环节来实现。供电企业每年有大量电力设施需报废处置，有些处置可以创造收入，有些却需要投入成本。如何通过技术的创新、管理创新及内外部的合作，为供电企业废旧物资处置创造更大的价值，是企业有待进一步考虑的问题。

社会资源整合的理念有待进一步完善

目前供电企业对废旧物资的处置主要依靠的自身的力量、自己的平台，缺乏社会资源整合的理念，没有将废旧物资有效纳入到社会化的再生资源回收交易体系中，也没有发挥更多社会的资源和优势对企业的废旧物资做更具综合价值的处置方式，这些都有待进一步完善。

融入理念

融入外部视野，实现废旧物资的全生命周期管理

物资从流入系统到流出，只是其生命周期的一个阶段，而其对社会和环境造成最大影响的往往来源于物资的开采、运输及物资的末端处理阶段。企业如果仅对管理边界内的物资负责任，而忽略前端与后端的影响，一定程度上就是在搭便车，享用了物资发挥其功能给企业带来的价值而没有承担相应的代价和责任。在废旧物资处理管理流程中融入外部视野，就是要主动担责，将管理的边界延伸到废旧物资处置的全过程，确保处置过程是对社会对环境负责任的。这也有利于预防因废旧物质处置不当给企业带来的负面影响。

融入综合价值创造理念，提升废旧物资处置的价值产出

废旧物资本身也是一种资源，这种资源既有可能创造直接的经济价值和就业等社会价值，也可能需要额外的投入进行处置，还可能在处置过程中给环境带来负面影响。因此，在废旧物资处置流程中，需要融入综合价值创造的理念，改变用单纯的市场和技术的视角鉴定废旧物资的处置方式，用经济、社会、环境等更多元、更全方位的视角评估处置物资，最大化创造废旧物资的综合价值。

融入社会资源整合理念，创新废旧物资处置管理模式

供电企业报废的废旧物资往往还可以在别的行业再利用，而利用的过程可以是更具创新性和综合价值最优的。这就需要融入社会资源整合的理念，与更多利益相关方合作，站在利益相关方视角评估废旧物资的价值，整合社会化的再生资源交易平台，引入社会力量创新企业废旧物资处置管理的模式，进一步提升废旧物资管理中的价值创造能力。

流程优化方案

活动

在技术鉴定与报废审批环节，融入综合价值创造，改变单纯从技术、市场的角度鉴定废旧物资的处置方式，增加经济、社会、环境的维度，以及外部利益相关方的视角，创新思路和方法，寻找对环境影响最小、经济与社会价值兼备的最佳处置方式（**参考案例："电杆之家"为废旧电杆找到新家**）。

在竞价处置环节，融入社会化资源整合理念，尝试将供电企业废旧物资交易平台与社会化的再生资源交易平台对接，给企业的废旧物资更大的发展空间和价值实现。

在物资交接之后增加全生命周期督管的环节，对交付出去的废旧物资去向、最终处置方式进一步跟踪，督促物资接受方依法合规地对废旧物资进行处理，充分履行社会责任预防连带风险。

流

加强透明度管理，利用信息化手段，搭建废旧物资管理信息系统，对废旧物资管理全流程的物资运转与资金结算进行可视化地实时监控，确保废旧物资管理的合规、高效、透明。

执行案例

"电杆之家"为废旧电杆找到新家

近年来，随着城市建设步伐日益加快，新建居民小区、旧城改造、新城区建设以及临时用电等工程项目极为频繁，一些产权属于客户的停运线路和杆塔依然矗立在原地，废而不退，严重影响市容市貌、城市交通和居民安全，多年来因废旧电杆造成的事故和法律纠纷一直不断。国网甘肃省电力公司武威供电公司对已拆除的废旧电杆有三种处置方式，集中堆放、深埋和维持原状。三种处理方法各有优缺点，都不是解决废旧电杆后续处理的最优方法。有的财力、人力成本太高，给供电公司本身带来沉重负担，不可持续；有的没有真正处理废旧电杆，仍然对社会产生负面影响。

国网武威供电公司引入社会责任根植的理念和方法，转变思维角度，充分了解各相关方期望与诉求，以"电杆之家"为核心，以不可再利用电杆处理机制为保障，以平台作为废旧电杆供给侧和需求侧之间的桥梁，将社会责任理念根植于废旧电杆处置管理工作中，构建全新的工作模式，营造合力，多方共赢，共同处理解决废旧电杆处置问题。

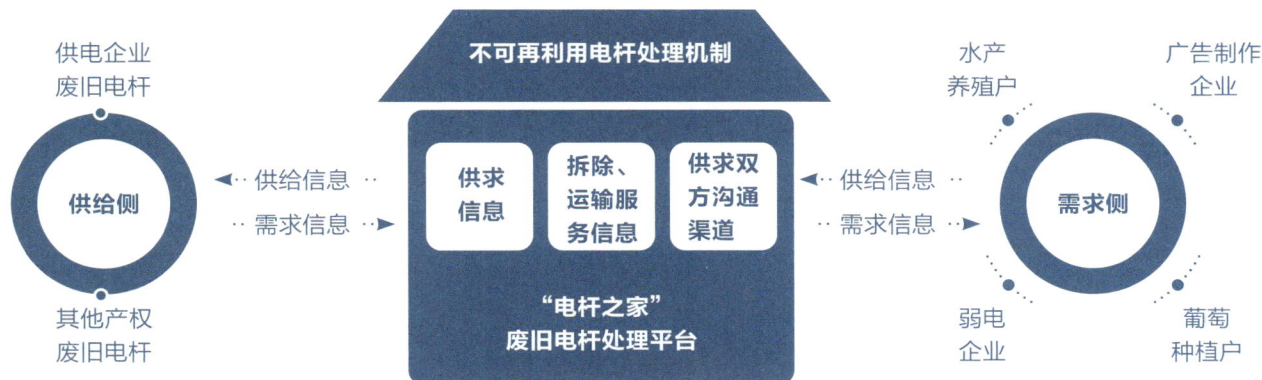

本项目让各利益相关方发挥各自优势扎实解决了实际问题，废旧电杆处置率明显提升，由于废旧电杆引发的投诉大幅减少；需求方可以找到自己需要的物品；废旧电杆引发的社会问题减少，维护了公众权益和人身安全，真正调动各方积极性，实现社会综合效益最大化。

附录

工具 1：重点流程筛选评估表

流程名称	有外部接口（0~30分）			有突出问题（0~30分）			对企业有重要性（0~10分）	有显著综合价值（0~30分）			总分
	流程与企业外部有接洽	流程涉及较多人或部门	利益相关方对流程有决定性影响	流程会产生社会或环境影响	流程执行面临较多的困难或阻碍	流程运行中会发生矛盾或冲突	是企业主营业务中的关键流程	可以创造显著的经济价值	可以创造显著的社会价值	可以创造显著的环境价值	
	0~10分	0~10分	0~10分	0~10分	0~10分	0~10分	0~10分	0~10分	0~10分	0~10分	

工具 2：流程优化改进优先序定级评估表格

流程 名称	重要性 （0~40 分）			紧迫性 （0~20 分）		可行性 （0~40 分）			总分
	有社会接口 0~10 分	有潜在问题 0~15 分	有重要价值 0~15 分	内在紧迫性 0~10 分	外部迫切需求 0~10 分	经济可行 0~15 分	技术可行 0~10 分	社会可行 0~15 分	

工具 3：CSR 流程诊断清单

流程要素	问题清单	社会责任理念
活动	1. 整条流程包含哪几项活动？ 2. 识别出流程中可能产生社会与环境风险的关键活动是哪几项？ 3. 在开展这些关键活动之前，是否对社会与环境风险有充分的评估和预防？ 4. 在开展这些关键活动之前，是否与受影响的利益相关方有充分的沟通对话？ 5. 整条流程的完成周期有多长？需要利益相关方等待多长时间？ 6. 哪些活动环节可以进一步提升效率，缩短流程的周期和利益相关方的等待？ 7. 识别出流程中创造价值的关键活动是哪几项？ 8. 是否对这些活动所创造的价值从综合价值的角度进行充分的评估？ 9. 活动可以做出哪些改进以进一步提升其综合价值的创造能力？	外部视角、社会与环境风险防范、利益相关方参与、综合价值创造
关系	10. 整条流程的流程图是什么样的？ 11. 有哪些串联的活动关系可以调整为并联关系或开辟绿色通道以提升流程的绩效？ 12. 在需要审批才能进入下一步活动的条件关系中，是否有必要纳入利益相关方参与、社会与环境风险评估、综合价值评估等环节？	利益相关方参与、社会与环境风险防范、综合价值创造
流	13. 整条流程会产出哪些信息？ 14. 有哪些信息是与利益相关方相关的？这些信息是否对利益相关方透明？ 15. 采取了哪些沟通措施让信息得到及时准确的传达和共享？ 16. 整条流程会用到哪些物料？ 17. 是否有对环境或健康有损害的物料？ 18. 是否有可能替换为可再生的物料？是否可以减少一次性物料的使用？ 19. 整条流程会产生哪些对环境或生态有损害的物料？ 20. 有哪些管理措施可预防和减缓这种损害？ 21. 整条流程会用到多少资金？有哪些措施可以进一步节省流程中的资金用量？ 22. 整条流程的资金流向是否是透明可监控的？有哪些措施可以促进流程中资金管理的透明？	透明运营、社会与环境风险防范、综合价值创造
人	23. 该条流程中有哪些流程执行人，他们是否充分的认识彼此并了解各自的职责？ 24. 流程执行人是否了解各自负责的环节涉及哪些利益相关方？ 25. 流程执行人是否了解自己的工作可能给利益相关方带去哪些影响？ 26. 流程执行人是否了解利益相关方有哪些诉求、期望和意见？ 27. 流程涉及的利益相关方对流程是否关注，关注点在哪里？ 28. 流程执行人的信息是否对利益相关方公开？ 29. 利益相关方是否有渠道充分表达自己的诉求，与流程执行人进行有效的对话？	外部视角、社会与环境风险防范、透明运营

工具 4：基于流程的 CSR 思维框架

流程范围	CSR 理念融入	CSR 思维框架
电网规划	外部视野	主动将电网规划视为地方政府规划的一部分，与政府密切沟通，主动汇报，争取政府对电网规划的理解与支持
	社会与环境风险管理	将社会与环境风险评估纳入电网规划流程，充分评估电网布线、布点可能给周边居民、设施及植被生态可能产生的影响，平衡制定最佳方案，尽可能降低电网的负面影响
	利益相关方参与	对于电网布线、布点可能产生的难以避免的社会与环境风险，应在规划流程中纳入利益相关方参与，与受影响的利益相关方开展协商对话，将负面影响降到最低
	透明运营	电网规划的文本或对社会有关联的关键信息如社会与环境风险评估报告等，应该向社会予以公示，接受社会监督；同时加强电网规划的价值传播，让公众了解电网的发展与城市发展的关系，获得公众对电网建设的支持
	社会资源整合	与规划部门、市政部门、林业部门、环保部门等积极沟通、建立合作，整合各方的数据信息与技术资源，为电网规划的布线、布点提供参考，提前排除隐患点，寻找最佳规划方案
	综合价值创造	将电网规划的目标从技术经济最优向经济繁荣、社会和谐、环境友好的综合价值目标转变，在电网规划流程中增加综合价值评估工作环节，分析电网规划给当地经济发展、社会发展及环境优化等各个方面带来的价值，基于综合价值平衡选择最优规划方案
电网建设	外部视野	要站在外部立场看待电网建设的价值和影响，在建设现场设置专门的沟通渠道，及时倾听回应外部诉求和期望
	社会与环境风险管理	从政策处理、土地平整、进场施工、设备运输安装、工程验收的电网建设全过程分析社会与环境风险点，安排专管人员预防和处理相关风险，努力确保电网建设的零事故、零舆情
	利益相关方参与	针对电网建设过程中难以避免的社会与环境风险，需要与受影响的利益相关方展开协商对话，保证其知情权、表决权、监督权，共同将风险的损失降到最低
	透明运营	加强电网建设过程的透明度管理，邀请社会公众与媒体进驻建设现场，参观了解电网建设的过程、意义和典型故事，为电网建设营造良好的社会氛围
	社会资源整合	在做好上述工作基础上，与公安机关、村委会等加强合作，整合多方力量维护电网建设的社会秩序，减少不稳定事件的发生

流程范围	CSR 理念融入	CSR 思维框架
电网运行	外部视野	站在发电企业、用电客户及其他运行主体等立场审视企业电网运行工作，设置专门的渠道，倾听并回应其诉求和期望
	社会与环境风险管理	对电网调度、有序用电、计划停电等关键流程环节评估其社会与环境风险点，安排专管人员预防和处理相关风险，努力确保电网运行的零事故、零舆情
	利益相关方参与	对于电网运行中难以避免的社会与环境风险如停电、弃风弃水等，需要与受影响的利益相关方展开协商对话，保证其知情权、表决权、监督权，共同将风险的损失降到最低
	透明运营	对电网运行中的重要信息如计划停电安排、有序用电方案等，需要做好社会透明度管理，开辟多个渠道有针对性的传播有关信息，保证信息及时准确传递给利益相关方
	综合价值创造	在安排电网运行方式上，从考虑企业顺利运转到考虑社会顺利运转的综合价值视角转变，充分评估每一项运行决策对外部的影响，考虑利益相关方的运营安排和用电需求，综合平衡制定对全社会整体价值最优的运行方式
电网检修	外部视野	将电网检修视为社会公共安全的一部分，站在客户立场审视企业检修工作，倾听和回应利益相关方诉求与期望
	社会与环境风险管理	对故障抢修、停电检修、带电作业、电力设施保护等重点流程环节开展社会与环境风险点评估，安排专管人员预防和处理相关风险，努力确保电网检修的零事故、零舆情
	利益相关方参与	对于电网检修中难以避免的社会与环境风险如停电、违章拆除等，需要与受影响的利益相关方展开协商对话，保证其知情权、表决权、监督权，共同将风险的损失降到最低
	透明运营	充分运用大数据、信息平台等手段，加强电网检修过程的透明运营，做好抢修过程的可视化和实时传播，增进用户对电网检修的参与感
	社会资源整合	整合商家、社会机构、媒体、广大公众等多方力量，创新合作方式和工作方式，充分发动社会力量参与电力设施保护与巡检管理，最大化降低外力破坏对电网造成的影响，维护电网安全

流程范围	CSR 理念融入	CSR 思维框架
电力营销	外部视野	站在电力客户立场审视企业电力营销工作，开辟专门的渠道倾听和回应利益相关方诉求与期望
	社会与环境风险管理	对业扩报装、用电服务、电费收取、欠费停电等关键流程环节开展社会与环境风险点评估，安排专管人员预防和处理相关风险，努力确保电力营销的零事故、零舆情
	利益相关方参与	对于电力营销中难以避免的社会与环境风险如停电等，需要与受影响的利益相关方展开协商对话，保证其知情权、表决权、监督权，共同将风险的损失降到最低
	透明运营	对于电力营销过程涉及的重要信息如业扩收费信息、节能诊断信息、欠费催交信息等，开展透明度管理，保障利益相关方及时准确地获得信息
	社会资源整合	充分发动政府、大客户、银行金融机构等社会资源的力量，创新商业模式，提高电力营销过程的效率和问题解决能力
	综合价值创造	转变价值思维，从经济、社会与环境综合价值的视角评估，发挥电力营销工作的价值创造能力

工具 5: CSR 融入专业工作流程检验表

流程名称			部门	
应用处所				
节点名称编号	CSR 融入前	CSR 融入后	相关方代码	执行人
利益相关方分类	a 政府及有关部门 b 社会团体组织 c 同业 d 社会公众 e 研究机构 f 供应商 g 合作伙伴 h 客户 i 员工 j 媒体 k 其他			
适用性和改进建议				
企业社会责任办公室意见				

本流程监督人：_____   审核人：_____   日期   年   月   日

填写示例

流程名称	例：高压客户业扩工作流程		部门	营销部
应用处所	例：×××厂二期专用变压器工程			
节点名称编号	CSR 融入前	CSR 融入后	相关方代码	执行人
例： A – 业务受理	客户多次询问业务受理相关手续	进行全面沟通、主动了解客户需求，办电程序一次性告知	h	××× ×月×日
例： C – 业扩会	需客户自行分头对接供电企业、设计、施工、设备供应商等	邀请业主、设计、施工、设备供应商等参加公司业扩会议	f、g、h	××× ×月×日
例： L – 中间验收	供电企业不参与中间检查	用电检查班主动参与客户专用变压器工程电气安装的中间检查	g、h、i	××× ×月×日
例： K – 延伸服务	无延伸服务	业扩报装竣工送电后，营销部搭建平台，为客户电气设备进行安全性评价、预防性试验等工作	A、c、f、g、h、i	××× ×月×日
…				
…				
利益相关方分类	a 政府及有关部门　　b 社会团体组织　　c 同业　　d 社会公众　　e 研究机构 f 供应商　　　　　　g 合作伙伴　　　　h 客户　　i 员工　　j 媒体　　　　k 其他			
适用性和改进建议				
企业社会责任办公室意见				

本流程监督人：＿＿＿＿**XXX**＿＿＿＿　　审核人：＿＿＿＿**XXX**＿＿＿＿　　日期　xxxx 年 x 月 x 日

工具 6：CSR 融入专业工作流程图

流程名称	
附图：	

填写示例

流程名称	例：高压用户业扩工作流程

附图：（例）

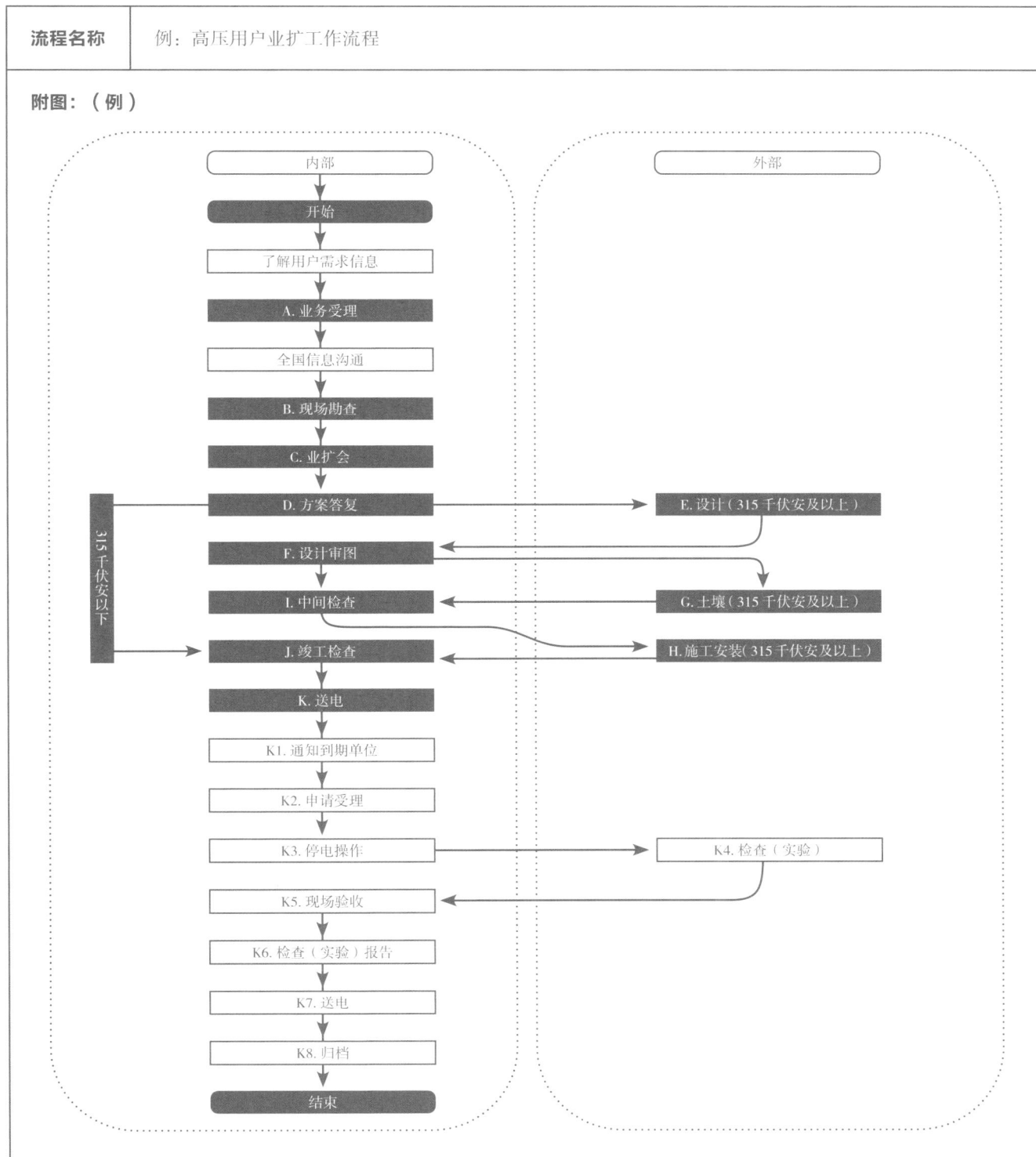

工具 7：新流程运行评估表

流程名称			
执行时间		执行单位	

流程优化方案	执行情况	反馈意见
1.		
2.		
3.		
4.		
5.		
6.		
7.		

流程绩效指标	优化改进前	优化改进后

综合意见：